华章IT

HZBOOKS | Information Technology

智能系统与技术丛书

Java Deep Learning Essentials

深度学习
Java语言实现

〔日〕巢笼悠辅（Yusuke Sugomori） 著

陈澎 王磊 陆明刚 译

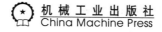

机械工业出版社
China Machine Press

图书在版编目（CIP）数据

深度学习：Java 语言实现 /（日）巢笼悠辅著；陈澎，王磊，陆明刚译 . —北京：机械工业出版社，2017.6（2017.12 重印）

（智能系统与技术丛书）

书名原文：Java Deep Learning Essentials

ISBN 978-7-111-57298-5

I. 深⋯ II.① 巢⋯ ② 陈⋯ ③ 王⋯ ④ 陆⋯ III. JAVA 语言－程序设计 IV. TP312.8

中国版本图书馆 CIP 数据核字（2017）第 154253 号

本书版权登记号：图字：01-2016-8646

Yusuke Sugomori：Java Deep Learning Essentials (ISBN: 978-1-78528-219-5).

Copyright © 2016 Packt Publishing. First published in the English language under the title "Java Deep Learning Essentials".

All rights reserved.

Chinese simplified language edition published by China Machine Press.

Copyright © 2017 by China Machine Press.

本书中文简体字版由 Packt Publishing 授权机械工业出版社独家出版。未经出版者书面许可，不得以任何方式复制或抄袭本书内容。

深度学习：Java 语言实现

出版发行：机械工业出版社（北京市西城区百万庄大街 22 号 邮政编码：100037）

责任编辑：张锡鹏　　　　　　　　　　　　责任校对：殷　虹

印　　刷：三河市宏图印务有限公司　　　　版　　次：2017 年 12 月第 1 版第 2 次印刷

开　　本：186mm×240mm　1/16　　　　　印　　张：12.25

书　　号：ISBN 978-7-111-57298-5　　　　定　　价：49.00 元

译 者 序

　　本书是一本实战型的深度学习和机器学习宝典，十分适合 Java 的深度学习入门者。本书涵盖了深度学习的主要成熟算法，一步步地剖析算法背后的数学原理，并提供大量通俗易懂的代码加以说明。同时，为了能更好地指导实践，作者生动地阐述了很多宝贵的工程经验和技术直觉。最后，本书介绍了该领域最新的研究和应用成果，还包括一些实用的网络资源及研究方法。总之，本书值得深度学习爱好者细细品味。

　　最令人吃惊的是，本书作者 Yusuke Sugomori 竟然是一位十分年轻的"老司机"，拥有丰富的工程经验。从本书内容中，我们能隐约领悟到作者探索深度学习的捷径，就是"敢于实践，善于实践，快速实践！"因此，我们也建议读者从最基本的部分就边学边做，不断深入理解深度学习的内涵。

　　本书的译者分工如下，陆明负责第 1、2、6 章，王磊负责第 3、4、5 章，陈澎负责前言、附录及第 7、8 章，并负责全书的审校工作。感谢机械工业出版社的编辑给予的帮助！

　　特别感谢我即将出生的孩子，一直支持我的妻子和父母，感谢合作译者陆明和王磊的家人！

　　"轻鞭一挥芳径去，漫闻花儿断续长"，我们有理由对人工智能的未来怀有更无限的憧憬！

陈　澎

2017 年 3 月于北京

前　言

目前，人工智能技术举世瞩目，深度学习也引起人们广泛关注。在实践上，深度学习推动了人工智能革命性进步，其相关算法已经应用到众多领域。然而，这种"革命性"的技术，常被认为非常复杂，让人敬而远之。而实际上，深度学习的理论和概念并不晦涩难懂。本书将一步步地介绍相关理论和公式，并引导读者从零开始完成编码实现。

本书内容

第 1 章：介绍深度学习的演化过程。

第 2 章：介绍与深度学习相关的机器学习算法。

第 3 章：介绍深度信念网络与栈式去噪自编码器。

第 4 章：集中介绍 dropout 和 CNN 的相关算法。

第 5 章：重点介绍深度学习库 DL4J 及实践经验。

第 6 章：面向实战，实践深度学习算法和相关 Java 库的工程开发。

第 7 章：广泛介绍 Teano、TensorFlow 和 Caffe 等深度学习框架。

第 8 章：介绍深度学习的最新动态及相关资源。

本书的使用要求

Java 8 或以上（支持 lambda 表达式），DeepLearning4J 0.4 或以上版本的 Java 库。

目标读者

本书是为那些想了解深度学习算法并期望应用到实践中的 Java 程序员而设计的。

内容涵盖机器学习和深度学习的核心概念和方法，但并不要求读者具有机器学习经验；同时，本书用极简的代码实现深度学习算法，这对一般 Java 程序员在语言技能和深度学习实现上有很大帮助。

下载示例代码

读者可使用在 http://www.packtpub.com 注册的账户下载本书的示例代码。如果你不是在官网购买的此书，可以访问 http://www.packtpub.com/support 注册，代码文件会直接通过电子邮件发送给你。

你可根据以下步骤下载代码文件：

（1）使用你的电子邮箱和密码登录或注册我们的网站。

（2）将鼠标悬停在上方的 SUPPORT（支持）标签处。

（3）点击 Code Downloads & Errata。

（4）在 Search（搜索）栏输入书籍名称。

（5）选择你要下载代码文件的书籍。

（6）从下拉菜单中选择你自何处购买此书。

（7）点击 Code Download。

也可以通过点击 Packt 官网该书页面上的 Code Files 按钮来下载代码文件。在 Search 栏输入书籍名称就可以访问书籍页面。但这需要先登录你的 Packt 账户。

下载文件后，请用以下软件的最新版本解压文件：

- WinRAR/7-Zip（对于 Windows）。
- Zipeg/iZip/UnRarX（对于 Mac）。
- 7-Zip/PeaZip（对于 Linux）。

本书的代码包也可从位于 https://github.com/PacktPublishing/Java-Deep-Learning-Essentials 的 GitHub 下载。https://github.com/PacktPublishing/有海量的其他书籍的代码包和视频，去看看吧！

CONTENTS

目　　录

第 1 章

深度学习概述

人工智能（Artificial Intelligence，AI）可能是你最近屡屡听闻的一个术语。人工智能正在成为热议的话题，无论是在学术社区，还是在商业领域，人们都接踵而来。大型的高科技公司，譬如谷歌（Google）和脸谱（Facebook）都在积极寻求收购人工智能领域的初创企业。随着海量资金流入人工智能领域，这个领域的并购最近也变得异常活跃。日本信息技术及移动运营商软银在 2014 年 6 月发布了一款名为"胡椒"（Pepper）的机器人——它能够理解人类的情感，一年之后他们已经着手准备向普通消费者销售"胡椒"这款机器人了。毫无疑问，这是人工智能领域的重要进展。

人工智能的概念已经存在几十年。可是，为什么它最近突然变得如此火热？原因之一就是近期推动相关人工智能领域发展的深度学习——常被称为"人工智能"。深度学习这个词在几乎所有的场合都与人工智能同时被提及。深度学习华丽登场之后，它的技术能力也开始爆炸性地急速成长，人们开始相信人工智能在将来的某一天会变成现实。听起来深度学习是我们必须要了解的一种技术。那么，到底什么是深度学习呢？

为了回答前面的问题，我们将在本章沿着人工智能的历史轨迹及研究领域，探讨人工智能流行背后的秘密。本章涉及的内容包括下面几个方面：

- 传统人工智能的方法和技术。
- 机器学习及其演变为深度学习的介绍。
- 深度学习及最近的使用案例的介绍。

如果你已经了解了什么是深度学习，或者你想查看深度学习的某个具体算法、实现技术，你可以跳过本章的内容，直接进入第 2 章。

虽然深度学习是一种创新的技术，但它并非想象中那么复杂。实际上，它非常简单。读完这本书,你会发现它有多么强大。我衷心地希望本书能帮助你理解深度学习,让深度学习为你的研究和业务添砖加瓦。

1.1　人工智能的变迁

那么,为什么深度学习突然站到了聚光灯下?你可能会问这个问题,特别是如果你熟悉机器学习的话,因为深度学习与机器学习算法并没有那么大的差异(别担心,如果你对此了解不多,我们在本书后面会逐一介绍相关的内容)。实际上,我们可以说深度学习是神经网络(这是一种机器学习算法)的改进版,神经网络试图模拟人类大脑的结构。不过,深度学习能取得的成绩要深远得多,并且它也不同于任何一种机器学习算法(包括神经网络)。如果你了解深度学习经历过什么样的发展过程,就能对深度学习本身有更深入的理解。既然如此,就让我们开始浏览人工智能的变迁史。这部分的内容很轻松,你可以品着咖啡轻松地快速翻过。

1.1.1　人工智能的定义

突然之间,人工智能在全世界变得如此热门。但是,真正的“人工智能”事实上还不存在。尽管相关的研究取得了进展,但要达到真正的人工智能尚需时日。无论你高兴与否,人类的大脑,即被我们称之为“智能”的东西,其结构异常复杂,想要复制它并没有那么容易。

然而,我们却经常看到“某某产品用人工智能”的广告,难道他们是在忽悠吗?实际上说,是的!奇怪吗?你可能看到类似“用人工智能的推荐系统”或者“用人工智能驱动的产品”,可是这些句子中的“人工智能”并不符合“人工智能”的定义。严格地说,只是“人工智能”这个词的概念过分外延了。其实人工智能的研究及技术成果只达到其真正内涵的一部分,而人们使用“人工智能”这个词也恰恰意指这个部分。

让我们看几个例子。粗略划分起来,我们通常可以将人工智能划分为三大类,分别是:

- 简单重复性的机器运动,这些运动是由我们提前通过程序设定的。譬如可以进行高速作业的工业机器人,它们只能处理相同的工作。
- 依据人为设定的规则,针对特定的任务执行搜索或猜测结果工作。譬如,iRobot

Roomba 扫地机器人可以依据不断地碰撞障碍物判断出房间的形状，完成房间的清扫工作。

- 依据从现有数据中找出的度量规则（Measurable Regularity）为未知数据提供答案。譬如，依据用户购买历史的产品推荐系统，或者依据某个分类对广告网络中的横幅广告（Banner Ad）进行分发。

人们用人工智能这个词描述这些类别，更不用说使用深度学习的新技术，它也被称之为人工智能。虽然它们之间在形式和内容上都是截然不同的。那么，到底哪一种我们应该专属地称之为"人工智能"呢？非常不幸，针对这个问题，人们持有不同的观点，因此我们也无法给出一个客观的答案。从学术的角度出发，依据机器能达到的层次，我们可以用"强人工智能（Strong AI）"或者"弱人工智能（Weak AI）"加以描述。为了避免概念不清的问题，我们在本书中所特指的人工智能是类似于人类的智能，而这种智能却很难判定是否由人类产生。人工智能的领域正在迅猛发展着，随着深度学习的驱动，人工智能成为现实的可能性也以指数方式增长。这个领域比之前任何一个历史时刻都生机蓬勃。这一波潮流会持续多久取决于未来的研究成果。

1.1.2 人工智能曾经的辉煌

人工智能这一话题最近突然变成热点，不过，这并非它第一次如此引人注目。回顾人工智能的历史，我们发现这一领域的研究已经开展了好几十年，这其中的兴衰往复也历经好几轮。最近的这一波浪潮已经是它的第三次高峰了。由此，有些人可能会想，这次的繁荣是否又仅仅是昙花一现。

不过，最近的这波浪潮跟以往的历次有着巨大的不同，那正是深度学习。深度学习已经实现了过去技术实现不了的东西。那到底什么是深度学习呢？简而言之，就是机器可以从提供的数据找出特征量，并进行学习。我们可以预见在不远的将来人工智能极可能变为现实，因为迄今机器还无法凭借自身理解任何新的概念，我们需要按照人工智能以往的技术替它预先设定某些定量的特性它才能够理解，而这一新的成就将打破这一屏障。

读到这里，你可能会觉得这看起来并没有什么不同，但二者的差异就如天上人间，完全是两个世界。从一开始到机器有能力依据自身的判断度量特征量（Feature Quantity），经历了一个漫长的历程。凭借深度学习，人们在机器智能的道路上终于有了很大的进步。那么，以往技术和深度学习之间的巨大区别到底在哪里呢？为了解释这个问题，首先让我们简略地回顾下历史上人工智能领域都发生了什么，了解这些有助于我们看清它们之间的差异到底是什么。

机器学习的第一波浪潮发生在 20 世纪 50 年代晚期。那个时候，主流搜索以及搜索应用程序的开发都基于固定的规则——不言自明，这些规则都是经由人工定义的。简而言之，搜索就是做分类。这种方式下，如果我们想要机器做任何形式的搜索，必须预先定义好每一种在处理过程中可能出现的模式。跟人比起来，机器的计算速度要快得多。无论模式数量有多庞大，机器总是能轻松地搞定它们。机器可以持续不断地进行数以百万计的搜索，最终找出最佳答案。然而，虽然机器可以高速地进行计算，但如果它仅仅是毫无目的随机搜索，也会空耗大量的时间。显然，我们不应该忽略时间这个重要的约束条件。因此，更进一步的研究都围绕着如何更高效地进行搜索展开。在所有的这些研究中，最广为人知的是"深度优先遍历（DFS）"和"广度优先遍历（BFS）"。

考虑每种可能的模式，搜索最有效的路径，从而在有限的时间内做出最好的选择。通过这种方式，你可以每次都获得最优的答案。基于这样的假设，深度优先遍历与广度优先遍历这两种图数据结构的搜索或遍历算法应运而生。这两种遍历的起始点都是树或者图的根节点，深度优先遍历在回溯之前总是沿着某一分支尽可能地访问更多的节点，而广度优先遍历则会首先访问它自己的所有邻节点，之后才切换到下一层的邻节点。下面是一些实例图，通过它们我们能比较形象地了解深度优先遍历和广度优先遍历之间的差异：

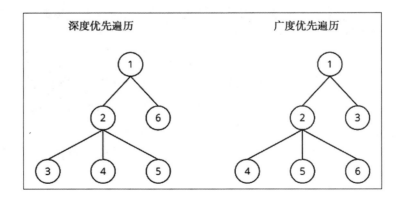

在特定的领域，这些搜索算法能取得不错的效果，特别是像国际象棋或者日本将棋这样的领域。棋牌类游戏是机器学习尤其擅长的领域。如果提前给定大量关于输赢模式的输入，或者以往的比赛历史数据，以及所有允许的下棋操作，机器就能对场上的局势进行评估，从非常海量的模式中选出下一子最优的移动。

如果你对这一领域感兴趣，我们可以进一步探究下机器到底是如何下棋的。譬如，机器的第一步移动是"白子"，那么下一步关于"白子"和"黑子"的移动就各有 20 种可能性。还记得我们前面图示介绍的树形模型吗？按照这个模型，从树的顶部作为游戏开始，它有 20 个分支分别表示"白子"下一步可能的移动。这 20 个分支中的每一个分支又带有 20 个分支，表示"黑子"下一步可能的移动，以此类推。在这个例子里，依据"白子"的移动情况，"黑子"在这棵树上有 $20 \times 20 = 400$ 个分支，"白子"有 $400 \times 20 = 8000$ 个分支，接着"黑子"又有 $8000 \times 20 = 160\ 000$ 个分支，依次这样计算下去……感兴趣的话，你可以随意推算下这个数值。

机器生成这棵树，并依据分支对棋盘上的各种可能情况做出预测，立刻就能给出最好的后续落子安排。这个过程有多深入（即分析过程会生成多少层的树结构，并以此进行评估）是由机器的计算速度决定的。当然，每一步的落子情况也应该加以考虑，并且应该内置于程序之中，这样一来下棋程序就不像我们想象中的那么简单了，不过本书不会就此展开深入详细的讨论。正如你所看到的那样，在下棋这件事上，机器打败人并不是让人吃惊的一件事。机器可以同时评估计算海量的模式，处理时间也比人短得多。机器打败国际象棋冠军并非新闻，事实上机器已经在比赛中打败过人类。由于种种这样的故事，人们对人工智能期望很高，希望它能变为现实。

不幸的是，现实总是不尽如人意。我们发现将搜索算法应用于实际还有一面难于逾越的高墙。如你所知，现实是非常复杂的。机器擅长的是按照固定的规则集，高速地处理事务；但如果仅仅交给它一个任务，它无法凭借自身的能力找到该应用什么规则，采取怎样的行动。无论何时，人类在行动的时候，下意识地会做各种评估，丢弃大量无关的因素或选项，从现实世界数百万计的事件（模式）中进行选择，做出决定。而机器无法像人类那样进行下意识的决策。如果我们试图创造出能正确考虑现实世界情况的机器，我们可以假设两种可能：

- 机器试图完成一个任务或目标，但不考虑接下来发生的事件或者可能性。
- 机器试图完成一个任务或目标，但不考虑不相关的事件或者可能性。

无论这两种机器中的哪一种，在完成人们给它们的任务之前都会僵死，或者在处理中迷失；尤其是后者，还没有开始它第一步的动作可能就已经僵住了。原因是这类元素的数量几乎是无限的，如果它试图以这种无限模式的方式思考或者搜索的话，机器无法在一个现实的时间里将它们区分开来。这个问题就是人工智能领域非常著名的挑战之一，也被称为"框架问题（Frame Problem）"。

机器在国际象棋或者日本将棋上能取得巨大的成功原因在于搜索空间（Searching Space），即机器要在什么空间内进行处理，预先定义就是有限的（控制在一定的范围内）。你无法写出海量的模式，因此无法定义什么是最好的解决方案。即使你强制限定了模式的数量，或者定义了一个优化的解决方案，由于方案所需要的巨量计算，你也无法在一个经济的时间范围内得到结果。总之，那个时候的研究中，机器仅仅只能遵循人们定义的详细规则进行计算。因此，虽然这种搜索能在特定领域取得成功，它离真实的人工智能的距离依然比较遥远。因此，第一次人工智能的浪潮伴随着人们的失望迅速地平静下来。

第一波人工智能的浪潮随风逝去，不过，人工智能领域的研究还在继续。接下来的 20 世纪 80 年代迎来了人工智能的第二波高潮。这一次，名为"知识表示（Knowledge Representation，KR）"的运动引领着潮流。知识表示试图用便于机器理解的方式描述知识。如果世界上所有的知识都整合到计算机中，并且计算机能够理解这些知识，那么即使给它一个复杂的任务，它也应该能够提供正确的答案。基于这一假设，人们研发了各种方法，对知识进行组织，便于机器更好地理解。譬如，以结构化的方式构建网页——语义网，就是这些方式中的一个例子，试图让机器更容易地理解信息。下面是一个例子，展示了语义网是如何使用知识表示的方式描述信息的：

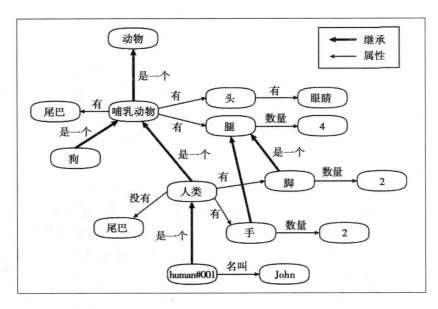

　　让机器获取知识并不像人们给机器发布指令告诉它如何干活那么片面，更像是让机器有能力响应人们提出的问题，并给出回答。如何将这一技术应用到现实生活的一个简单的例子是"积极－消极分析（Positive-Negative Analysis）"，它是情感分析的主题之一。如果你提前输入机器的数据为语句中的每一个词定义了"积极"或"消极"的语气（也被称之为"词典"），机器可以将语句和词典进行对照，判断整个语句是积极的还是消极的。

　　这一技术被用于社交网络或者博客发帖、回复的积极－消极分析。如果你询问机器"对这篇博客发帖的回复是积极的还是消极的?"，它就会依据现有的知识（词典）对文章的评论进行分析，以此为依据回答你的问题。自第一波人工智能的浪潮以来，机器仅能遵循人们设置的规则工作，第二波人工智能的浪潮的确展示出了新的进展。

　　通过将知识与机器整合，机器变得无比的强大。对实现人工智能而言，这个想法本身是个不错的主意；不过，要真正实现它前面还隔着两道高墙。首先，正如你可能已经意识到的那样，将所有真实世界中的知识都输入到计算机中需要耗费大量的工作，而现在由于互联网的普遍使用，我们可以直接从网络上获取大量的开放数据。回到当时那个时代，要收集数以百万计的数据，再进行分析，将这些知识导入到计算机是一个几乎不现实的任务。实际上，将所有世界上的数据容纳到数据库中的工作一直在进行着，这就是著名的 Cyc 项目（http://www.cyc.com/）。Cyc 的最终目标是依据知识数据库构建一个名为"知识库（Knowledge Base）"的推理引擎。下面是一个使用 Cyc 项目知识表示的例子：

```
(#$isa #$BarackObama #$UnitedStatesPresident)
    "Barack Obama belongs to the collection of U.S. presidents."

(#$genls #$Tree-ThePlant #$Plant)
                                       "All trees are plants."

(#$capitalCity #$Japan #$Tokyo)
                                "Tokyo is the capital of Japan."
```

　　其次，这种方法中，机器并没有真正理解知识的实际含义。即便知识已经进行了结构化、系统化，机器也仅能将它作为一个符号加以标识，却并未理解其背后的概念。毕竟，知识是由人输入的，机器所执行的仅仅是依据字典对数据进行比较，并进而猜

测它的含义。举个例子，你知道"苹果"和"绿色"的概念，我们从小被教育"绿苹
果 = 苹果 + 绿色"，然后你自然一眼就能理解"一个绿苹果就是一个绿色的苹果"，然
而机器并没有这种能力。这被称为"符号关联问题（Symbol Grounding Problem）"，它
跟框架问题一样，也是人工智能领域的一大难题。

这是个好点子，它也的确改进了人工智能。不过，这种方法无法在现实中实现
人工智能，因为它无法凭空创造人工智能。所以，人工智能的第二波浪潮也不知不
觉渐渐冷却下来，由于无法达到人们对人工智能的预期，谈论人工智能的人也越来
越少。当被问到"我们能否真正实现人工智能"这个问题时，回答"不能"的人逐
渐增多。

1.1.3 机器学习的演化

为了找到实现人工智能的方法人们经历了一段异常艰难的岁月，终于找到一种完
全不同的方式，稳健地构建出一种通用技术。这种方式的名称是"机器学习"。如果你
曾经涉足数据挖掘领域，应该对这个名字耳熟能详。相对于人工智能以往的种种方法，
机器学习要强大得多，是一种潜力无穷的工具，正如本章前文所介绍过的，以往的方
法仅能依据人预先提供的知识进行搜索和判断，机器学习要高级得多。机器学习出现
之前，机器仅能在已输入的数据中搜寻答案。大家的关注点都在机器如何能更快地从
已有的知识中抽离出相关问题的知识。这样，机器就能更快地回答一个它已知的问题，
但是，一旦碰到它未知的问题，它就不行了。

另一方面，机器学习领域中，机器的学习是照本宣科的。机器可以依据它学习的
知识回答未知的问题。那么，机器是如何学习的呢？这里的"学习"到底是什么含义？
简单地说，学习就是机器获得能够将问题划分成"是"或"不是"能力的过程。本章
接下来的内容中我们会提供更进一步的细节，我们现在所能说的是机器学习就是一种
模式识别的方法。

我们认为，从根本上说，这个世界上的每个问题都可以用答案为"是"或者
"否"的问题所替换。举个例子，"你喜欢什么颜色？"这个问题，可以通过"你喜
欢红色吗？喜欢绿色吗？喜欢蓝色吗？喜欢黄色吗？……"这样的问题所替代。机
器学习中，使用高速计算和处理能力作为武器，机器用大量的训练数据，将复杂的
问题替换为答案为"是/否"类型的问题，找出哪些数据答案为"是"，哪些数据答
案为"否"的规律（换句话说，它在学习）。之后，使用学习的结果，机器可以

对新提供的数据进行分析，判断它们的结果为"是"还是"否"，并返回答案结果。概括来说，机器学习可以通过辨识和归类给定数据的模式，来回答未知数据的问题。

实际上，这种方法并没有想象中那么难。人们也经常无意识地对数据进行模式分类。譬如，如果你在一个聚会上碰到了一个你感兴趣的男人/女人，你可能会非常急切地想要了解你面前的他/她是否对你有同样的感觉。在你的脑海里，你会对他/她的说话方式、样貌、面部表情或者姿态进行分析，与你之前的经历（也就是数据）进行比较，通过这些进一步决定你是否要去约会。这和基于模式识别的推断是同一个道理。

机器学习是一种以机械的方式，由机器主导而非人主导，进行模式识别的方法。那么，机器是如何识别模式，并对它们进行分类的呢？机器学习的分类标准是一种基于数学公式的推算，名叫"概率统计模型（Probabilistic Statistical Model）"。这种方式基于多种数学模型，已经被研究得非常透彻了。

学习，换句话说，就是模型参数的调整，一旦学习完成，就意味着模型构建完成。接下来，机器就可以将未知数据划分到最可能的模式中（即最适合的模式中）。按照数学对数据进行分类是一个重大优点。对人类而言，我们几乎无法对多维的数据，或者多模式的数据进行处理，而机器学习却可以使用几乎同样的数值公式完成分类。机器需要的仅仅是增加一个向量，或者矩阵中的维度数（本质上说，进行多维分类时，它并不是由分类直线或者分类曲线完成，而是由超平面完成的）。

发明这一方法之前，机器在没有人为帮助时几乎没有任何能力处理未知数据；通过机器学习，机器甚至能处理即使人也无法处理的数据。研究人员为机器学习带来的可能性欢欣雀跃，积极地投身到改善机器学习的工作中。机器学习概念的历史悠久，不过由于科学家们缺乏足够的数据，长期以来无法进行大量的研究，证明它的有效性。不过，最近很多开源数据出现在互联网上，研究人员能比较容易地利用这些数据，对他们的算法进行实验。由此，人工智能的第三波浪潮随之而来。机器学习周边的环境也给了它极大助力。机器学习在能正确地识别模式之前需要学习大量的数据。除此之外，它还需要有能力处理这些数据。它处理的数据和模式类型越多，数据的数量以及计算的次数也越大。因此，很明显，之前的技术无法支持机器学习的发展。

不过，时代在进步，机器的处理能力得到了大幅增强。除此之外，网络也日益成熟，互联网的触角已经延伸到世界的各个角落，因此开放的数据也日益增加。随着这一波的变化，只要能够从互联网上抓取数据，每个人都可以进行数据挖掘。整个外部环境都已就绪，每个人都能很容易地接触、学习机器学习。网络是一个文本数据的宝盒。充分利用机器学习领域中的文本数据，我们可以预期巨大的成长机会，特别是在统计自然语言处理方面。机器学习在图形图像识别、语音识别方面也取得了巨大的成就，研究人员正朝着发掘更高精度方法的方向努力。

机器学习在商务世界的各个方面被广泛使用。自然语言处理领域中，提到输入方法编辑器（Input Method Editor，IME），预测转换可能很快就浮现在你脑海里了。搜索引擎中的图像识别、语音识别、图像搜索以及语音搜索也都是很好的例子。当然，机器学习的应用并不局限于这些领域。它也被大量应用于各个领域，从营销目标（Marketing Targeting），譬如特征产品的销售预测（或者广告优化、商店货品陈列、基于人类行为预测的空间规划），到预测金融市场的动向。可以说，之前企业界使用数据挖掘的大多数方法，现在都转而采用了机器学习。是的，机器学习就是这么厉害。目前，如果你听到"人工智能"这个词，通常情况，它实际代表的是由机器学习完成的处理。

1.1.4　机器学习的局限性

机器学习通过收集数据，预测答案。实际上，机器学习非常有用。由于机器学习，之前人类无法在可接受的时间窗口内回答的问题（譬如，使用 100 维超平面进行分类），机器可以很轻松地完成。最近，"大数据"变成了一个时髦术语，不过，分析海量数据所依靠的也主要是机器学习。

然而，不幸的是，即便是机器学习也无法创造人工智能。从"它能否真正实现人工智能"这个角度而言，机器学习存在着一个巨大的缺陷。机器学习和人类的学习之间存在着巨大的差异。你可能已经注意到这二者之间的差异，不过让我们慢慢道来。机器学习是一种依据输入数据进行模式分类和预测的技术。如果是这样的话，那么到底什么是输入数据呢？它能够使用任何数据吗？当然……它不能。结论很明显，它不能依据无关的数据预测正确的结果。为了让机器正确地学习，它需要有恰当的数据，那么问题就来了。机器无法辨别哪些数据是合适的数据，哪些数据又是不合适的。只有接受正确的数据，机器才能找到正确的模式。无论一个问题难或者简单，人们都需要为它提供正确的数据。

我们思考下这个问题："你面前的对象是一个人还是一只猫？"对任何一个普通人而言，答案太明显了。我们可以毫不费力地区分出二者。现在，让我们通过机器学习来完成同样的事。首先，我们需要准备机器读取的数据格式，换句话说，我们需要准备人和猫的图像数据。这看起来并没有什么特别的。问题出现在接下来的这一步。你大概希望直接采用这些图像数据作为输入，但这是行不通的。正如前文所述，机器无法自身明确要从数据中学习什么。机器学习的东西，需要人事先从原始图像数据提取创建后提供给它。也就是说，这个例子中，我们需要使用可以区分出人类和猫的数据作为输入，譬如脸色、面部位置、面部轮廓等等。人定义并提供作为输入的这些值被称为"特征（Feature）"。

机器学习无法完成特征工程（Feature Engineering）。这是机器学习的致命死穴。顾名思义，特征就是机器学习中的模型变量。因为这个值以定量的方式表示了对象的特征，促使机器可以恰当地执行模式识别。换句话说，你如何设置这些标识值会对预测的精确度产生巨大的影响。潜在而言，机器学习有两种类型的局限性：

- 有的算法仅能在数据满足训练数据假设时才表现良好。这些训练数据的分布通常都有一定的差异。大多数时候，出现这种问题表明学习模型没有泛化好。
- 即便是训练良好的模型，依旧无法做出良好的元 – 决策（Meta-Decision）。因此，很多情况下，机器学习只能在一个非常狭窄的领域取得成功。

让我们看一个简单的例子，以便你更容易地理解特征对模型预测精度的巨大影响。假设有这样一家公司，它希望依据客户的资产量情况，向他们推销资产管理的一揽子解决方案。公司希望能推荐适合用户的产品，不过它又不能询问过于私人的问题，因此需要预测客户可能拥有多少资产，并预先进行准备。这种情况下，我们应该把哪些类型的潜在客户作为特征呢？我们可以假设各种各样的因素，譬如他们的身高、体重、年龄、居住地址诸如此类作为分析的特征，不过，显而易见的是相对于身高和体重，年龄或者居住地址的相关性要高得多。如果你让机器学习基于身高或者体重进行分析，很可能无法得到好的结果，因为这时预测基于的数据是没有相关性的，这意味着所进行的是一种随机的预测。

由此我们可以知道，机器学习只有在读入恰当的特征之后才能为问题找出符合要求的答案。然而，不幸的是，机器学习无法判断什么样的特征是恰当的，因此，机器学习的准确性严重依赖于特征工程！

机器学习有大量的方法，然而，这些林林总总的方法都无法解决特征工程的问题。人们研发了各种各样的方法，互相比拼算法的精确度，不过当达到一定的精确度之后，最终判断机器学习算法优良的标准是人们发现特征的能力。这绝非算法上的差异，更多的时候像是人类的直觉，或者品味，或者对参数的调优，这些工作毫无创新可言。各式各样的方法被创造出来，不过归根到底，最难的事情是如何选择最优特征（Identity），而这部分工作目前只能由人来完成。

1.2　人与机器的区分因素

前文介绍中我们已经探讨了人工智能领域的三大问题，分别是：框架问题、符号关联问题以及特征工程问题。这些问题都跟人没什么关系。那么，为什么机器无法处理这些问题呢？我们再一起回顾下这些问题。如果你仔细思考，就会发现所有这三个问题最后都能归结到同一个症结：

- 框架问题指的是机器在处理被分配的任务时无法判别到底该使用哪些知识。
- 符号关联问题指的是由于机器只能将知识作为单一的符号进行识别，无法把知识整合在一起，所以无法理解概念。
- 机器学习中的特征工程问题指的是机器无法自寻对象的特征。

如果机器能够识别并善用事物或现象的特征，这些问题就都迎刃而解了。毕竟，机器与人之间最大的差异也就在于此了。世界上的任何一个对象，都有着自己的固有特征。人类擅长捕获这些特征。那么，这些技能到底是后天学习还是天生就有的呢？不管怎样，人类能辨识特征，并且依据这些特征理解名为"概念"的东西。

现在，让我们简单地介绍下到底什么是概念。首先，我们有一个前提假设，那就是这个世界上的万事万物都可以由一系列符号表示（Symbol Representation）和符号内容所构成的。譬如，如果你不知道"猫（Cat）"这个单词，当你走下街道看到一只猫的时候，是否意味着你就不认识它是一只猫呢？不，不是这样的。你知道猫的存在，如果你之后再次遇到另一只猫，你将意识到它作为"刚刚看到的相似的东西"，之后，你会知道这种动物就叫"猫"，或者你会找机会查一下它到底是什么，这就是你第一次将现实存在与词汇相链接的过程。

猫（Cat）这个单词就是一种"符号表示"，而你识别的猫这一概念就是其"符号内容（Symbol Content）"。你可以将其看作是同一枚硬币的两面。（有趣的是，这两面之间并没有什么必然性。并不存在这样或者那样的规定，一定要把猫写成 C-A-T 或者要像这样发音。即便如此，我们的理解系统中，这些仍然被当成想当然的事情。）换句话说，概念就是符号内容。这两个概念都有其对应的术语。前者称之为"意符（Signifiant）"，后者称之为"意指（Signifié）"，当这两个术语成对出现就被称为"符号（Signe）"。（这些单词都是法语。在英文中，你可以分别称之为"Signifier"，"Signified"以及"Sign"）。我们可以这么说，将机器与人区分开来的是能否凭借自身的能力找到"意指"。

如果机器可以找到给定数据的显著特征会发生什么情况呢？对框架问题而言，如果机器可以从给定的数据中提取出显著特征，并完成知识表示的话，它就再也不会遭遇之前在思考如何选择所需知识时的"僵死"问题。对符号关联问题来说，如果机器可以凭借自身找到特征，并依据这些特征理解概念的话，它就能够理解输入的符号。

毫无疑问，它也能解决机器学习中的特征工程问题。如果机器可以依据现实情况或目标，凭借自身的能力获取恰当的知识，而非只知道使用固定的一种状况的下的知识，我们就能解决之前在实现人工智能时碰到的种种问题。现在，机器可以从给定的数据中挖掘出重要的特征，这一目标基本就要实现了。你猜得没错，这就是我们最终要聊的深度学习。接下来的一节，我会为大家介绍深度学习，这被认为是人工智能五十余年以来历史上最伟大的突破。

1.3　人工智能与深度学习

机器学习是人工智能第三波浪潮中碰撞出来的火花，作为一种数据挖掘方法，它既实用又强大；然而，即便采用了这种新的机器学习方法，要实现真正的人工智能似乎依旧遥遥无期。因为定义特征一直需要人为干预，这是阻挡机器学习实现人工智能的一面高墙。看起来第三次人工智能的浪潮也会无疾而终。然而，出人意料的是，这波浪潮并未消退，反而出现了另一波新的浪潮。触发这波新浪潮的就是深度学习。

随着深度学习的出现，至少在图像识别和语音识别领域，机器学习已经可以凭借自身的能力从输入数据中判断"哪些是特征值"，不再需要人工的干预。之前只能照本宣科地处理符号的机器现在也能够获得概念了。

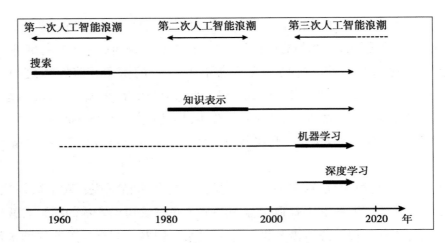

人工智能浪潮及人工智能研究领域之间的对应关系图

从深度学习首次出现到现在已经历了漫长的时间，时间回到 2006 年，加拿大多伦多大学（Toronto University）的欣顿（Hinton）教授及同事们一起发表了关于深度学习的第一篇论文（https://www.cs.toronto.edu/~hinton/absps/fastnc.pdf）。在这篇论文中，欣顿教授提出了一种名为深度置信网络（Deep Belief Net，DBN）的方法，它是对传统机器学习方法——神经网络的一种扩展。深度置信网络使用 MNIST 数据库进行测试，这是一种对图像识别方法精度和准确度进行比较的标准数据库。这个数据库中包含了 70 000 个 28×28 像素的手写字符图像数据，这些图像都是从 0 到 9 的数字（其中 60 000 个训练样本集，10 000 个测试样本集）。

接着，他们构造了一个基于训练数据的预测模型，依据机器能否正确识别测试用例中书写的数字 0 到 9 来测量它的预测精度。虽然这篇论文显示，它的预测精度要远超传统的方法，然而当时它并未引起大家的注意，也许这是由于它对比的对象是机器学习中比较通用的方法。

这之后不久的 2012 年，整个人工智能研究领域都被一个方法震撼了。这一年的图像识别竞赛"Imagenet 大规模视觉识别挑战赛（Imagnet Large Scale Visual Recognition Challenge，ILSVRC）"上，一种使用深度学习名为"超级视觉（SuperVision）"（严格地说，这只是他们的队名）的方法赢得了比赛，该方法是由欣顿教授和多伦多大学的同事一起合作开发的。它将其他的竞争者们远远地甩在了后面，准确率也相当惊人。这场竞赛中，机器会接受相应的任务去自动地判别图像中的信息，它是一只猫、一只狗、一只鸟，抑或是一条船等，诸如此类。训练数据集是 10 000 000 张图片，测试数据是 150 000 张图片。这项比赛中，每一个方法都在竞争最低的出错率（即最高的准确率）。

让我们看看下面这张表，它显示了此次竞赛的结果：

排名	团队名	错误率
1	SuperVision	0.15315
2	SuperVision	0.16422
3	ISI	0.26172
4	ISI	0.26602
5	ISI	0.26646
6	ISI	0.26952
7	OXFORD_VGG	0.26979
8	XRCE/INRIA	0.27058

你可以看到 SuperVision 队与第二名 ISI 队之间在出错率上的差异超过 10%。第二名之后其后各队之间的差异都在 0.1% 以内。现在你知道 SuperVision 在准确率上是如何碾压其他队的了吧。更让人瞠目结舌的是，这是 SuperVision 队首次参加 ILSVRC 竞赛，换句话说，他们并非图像识别的专家。SuperVision（深度学习）出现之前，图像识别领域的普适方法是机器学习。并且，正如我们前面所介绍的，机器学习使用的特征值需要由人工进行设置或者设计。他们需要依据人类的直觉和经验挨个尝试设计特征，一遍又一遍地调整参数，才有可能在最终取得 0.1% 的准确率提升。深度学习出现之前，研究的热点和竞争都集中在谁能够发明更加高效的特征工程。因此，当深度学习突然横空出世，所有的研究人员都大吃一惊。

另一个重要事件将深度学习的浪潮推广到了全世界。这一事件也发生在 2012 年，与 SuperVision 在 ILSVRC 震惊世界的时间是同一年，那一年谷歌宣布使用自己的深度学习算法，采用 YouTube 视频作为学习数据，机器可以自动识别出视频中的猫。关于这个算法的细节可以通过 http://googleblog.blogspot.com/2012/06/using-large-scale-brain-simulations-for.html 了解。这个算法从 YouTube 的视频中提取了 1000 万个图像，使用这些图像作为输入数据。回想一下我们之前所说的，传统机器学习中人扮演着重要的角色，需要人为处理数据，从图像中提取出特征值。而使用深度学习的话，原始图像可以直接作为输入数据。这表明机器自身已经可以自动地从训练数据集中提取特征。上述的这个研究里，机器就学习了猫的概念（虽然只有猫的故事比较有名，实际的研究工作也针对人类的图像进行了处理，效果也很好。机器已经知道了什么是人类！）下面的这幅图片，介绍了研究中经由 YouTube 未打标签的视频训练后深度学习认为猫所具有的特征：

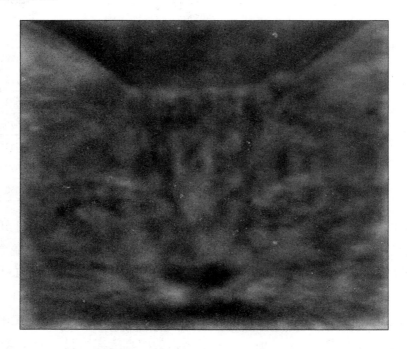

这两个重大事件深深地震撼了我们，引发了现在依旧蓬勃发展的深度学习浪潮。

谷歌推出能够识别猫的方法之后，又拓展构造了另一个实验，这个实验使一个机器试图利用深度学习进行绘画。这一方法被称作构梦派（Inceptionism，http://googleresearch. blogspot. ch/2015/06/inceptionism-going-deeper-into-neural. html）

该文中描述，构梦派的网络是按如下方式学习的：

"识别出的对象，会越来越多"。即形成反馈环路：如果云看起来有一点点像鸟，网络识别则会使其更像鸟；进而，网络在下一层及后面层中对鸟识别得更明确，直到一个清晰鸟形象出现，而且看似无处不在。

机器学习中使用神经网络通常是为了检测模式，从而对图像进行识别，而"构梦派"的玩法却是反其道而行之。正如你从下面这些"构梦派"的例子中所感受到的，这些绘图看起来有些诡异，就像是梦魇的世界：

抑或，它们可以被看成是艺术品。这个可以让任何人尝试"构梦派"的工具现在已经在 GitHub 上开源，它的名字是 Deep Dream（https://github.com/google/deepdream）。实现的例子也可以在该页面找到。如果你知道如何编写 Python 程序，就可以试着把玩下这些例子。

好吧，似乎没有什么可以阻挡深度学习站上史无前例的高峰，不过我们还是有不少疑问，譬如，到底深度学习有哪些创新？哪些具体的方法极大地提升了它的预测精度？令人意外的是，实际上深度学习在算法上并没有太多的区别。正如我们在前面所提到的，深度学习是对神经网络的应用，而神经网络是一种机器学习算法，它模拟了人类大脑的结构。不管怎样，机器采用了它并因此改变了一切。这其中的代表是预训练（Pretraining）和带激活功能的弃联（Dropout）。这些也是实现的关键字，因此请记住它们。

首先，深度学习中的"深度"到底代表什么意思呢？你可能已经知道，人类的大脑是一种电路结构，这种结构相当复杂。它是由复杂电路多层堆叠而成。而另一方面，当神经网络算法首次出现时，它的结构非常简单。它近乎是一种人脑结构的简化版本，其网络也仅有很少几层。因此，它能识别的模式少得可怜。所以，几乎每个人都会猜想"如果我们像人脑那样将网络聚集在一起，让它的实现更加复杂，能不能取得更好的效果呢？"当然，这个方法我们也尝试过，然而，不幸的是，结果并不理想，这种方式的预测精度比将网络堆叠起来效果还差一些。事实上，我们碰到了各种在简单网络中不曾遭遇的问题。为什么会这样呢？人脑中依据你看到的东西，信号会进入到电路的不同部分。不同部分的电路受到刺激就会触发不同的模式，所以你能区分不同的事物。

为了复制这一机制，神经网络算法使用权重连接代替了之前网络之间的连接。这是一个重要的改进，不过很快就出了问题。如果网络比较简单，权重可以依据学习数据进行恰当的分配，网络可以很好地识别和区分这些模式。然而，一旦网络变得复杂，连接变得过于密集，这时就很难依靠权重进行区分了。简而言之，算法将无法恰当地划分模式。另外，神经网络中，网络在进行全网训练时，通过反馈错误机制可以构建一定的模型。同样，如果网络简单，反馈可以及时地得到反应，然而，如果网络有多层结构，这样的环境中发生问题，而错误在它被反馈到全网之前消失了——想象一下那个错误扩散开并稀释会带来怎样的影响。

如果网络使用复杂结构搭建，情况是不是会好些呢？遗憾的是，这样的尝试最终也以失败告终。算法自身的概念是好的，不过，以世界理解来看，它从任何的标准而言都不能被称为一个完美的算法。虽然深度学习成功地将网络多层化，即将网络变得“深”了，它成功的关键其实是每一层都参与到分阶段的学习中来。而之前的算法将整个多层网络作为一个巨大的神经网络，在这个单一的网络中进行学习，这最终导致了前面提到的问题。

因此，深度学习采用了让各层预先学习的方式。这就是著名的“预训练”。预训练中，学习从浅层顺次开始。之后，浅层学习得出的数据会作为下一层的输入数据。机器按照此方式，由浅层的初级特征逐步学习到深层的高级特征。譬如，学习什么是猫时，第一层是一个 轮廓、接下来的一层是眼睛和鼻子的形状、下一层是脸的图片、再接下来一层是脸的细节，以此类推。类似地，人类几乎也是采用同样的步骤进行学习，首先获取一个全局的印象，之后再深入到细节特征。因为每一层都在分阶段地学习，学习的错误反馈也可以在每一层上得到恰当的处理。这种设计改善了预测的精度。还有一种改进，每一层的学习都使用不同的方法，不过我们现在暂时不讨论，后面的内容会进行介绍。

我们之前描述过网络连接过于稠密的问题。避免这种密集问题的方法称之为dropout。使用 dropout 的网络通过随机断开神经单元之间连接的方式进行学习。dropout从物理上使得网络变得更加稀疏。哪些网络会被切断是随机决定的，因此每个学习步骤都会重新形成一个新的网络。如果只是看看，你可能会质疑这种方法能否工作，但是它的确改进了预测精度，最终的结果是增强了网络的鲁棒性。人脑的电路也会依据它看到的主题在不同的部分进行处理或回应。dropout 似乎成功地模拟了这套机制。将 dropout 机制嵌入算法之后，网络权重的调整变得很有效了。

深度学习在不同的领域已经有很多成功的案例；然而，它也有其局限性。正如"深度学习"这个名字所体现的，这种方法的学习是非常"深"的。这意味着完成学习步骤要花费漫长的时间。这个过程中消耗的计算量也异常庞大的。实际上，前面我们提到谷歌对猫的识别学习就耗时三天，动用了一千多台计算机。反过来，虽然深度学习的想法本身使用之前的技术也能达成，却是很难实现的。如果你不能比较便利地使用具备了大规模处理能力和海量数据的机器，这一方法就不会实现。

正如我们不断重复提起的，深度学习仅仅是机器获取"类人（Human-Like）"知识的第一步。没人知道未来会出现什么样的创新。不过，我们可以预测计算机的处理能力在将来能达到怎样的程度。为了进行预测，我们使用了摩尔定律。支撑计算机处理的集成芯片的性能是由其上搭载的晶体管数目决定的。摩尔定律显示，集成电路上的晶体管数量大约每隔一年半的时间就会增加一倍。实际上，计算机中央处理器中的晶体管数量迄今一直遵循摩尔定律增长。我们可以做一个对比，与世界上第一台微处理器，即英特尔公司的 4004 处理器，它当时有 1×10^3（1000）个晶体管，最近的 2015 版，即英特尔公司的第五代酷睿处理器拥有 1×10^9（10 亿）个晶体管，如果技术保持这样的进步速度，集成电路上晶体管的数量不久将会超过 100 亿，这比人类大脑中细胞的数目还要多。

依据摩尔定律，在未来的 2045 年或者更晚的时候，我们会到达"技术奇点"，那时人类将有能力对技术进行预测。彼时，机器很可能就已经具有自我递归的智能了。换句话说，在未来的三十年里，人工智能会逐渐成熟。那个时候的世界会变成怎样呢……

英特尔公司研发的处理器搭载的晶体管数目一直遵循摩尔定律稳定增长着。

闻名世界的学者斯蒂芬·霍金教授接受 BBC 的一次访谈（http://www.bbc.com/news/technology-30290540）时说：

"全面人工智能的发展将宣告人类的终结！"

深度学习会成为"黑魔法"吗？事实上，技术的发展有时的确带来了灾难。实现人工智能的路依旧漫长，然而，我们在进行深度学习的工作时要保持警惕。

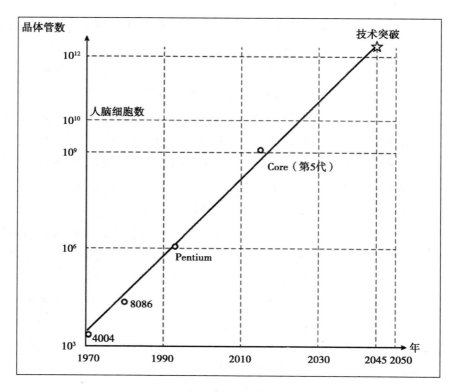

摩尔定律的历史

1.4 小结

通过本章，你了解了人工智能领域中的技术是如何演变最终发展为深度学习的。我们现在知道，人工智能历史上经历了两次浪潮，现在正处于第三波浪潮中。第一波浪潮中搜索和遍历算法得到了极大的发展，出现了深度优先遍历和广度优先遍历。紧接着，第二波浪潮中，研究的重点转向了如何用一种机器容易理解的符号表示知识。

虽然这些潮流都已过去，那些时代中研发的技术却构成了人工智能领域很多非常有价值的知识体系。第三波浪潮推广了机器学习算法，它们最初是基于概率统计模型的模式识别和分类。通过机器学习，我们在很多领域取得了长足的进步，不过这还并未实现真正意义上的人工智能，因为它还需要我们告诉机器分类对象的特征是什么。机器学习所需的技术被称为"特征工程"。这之后，深度学习出现了，它基于一种机器学习的算法——即神经网络。使用深度学习，机器可以自动地学习对象的特征，因此深度学习被认为是一种非常创新的技术。深度学习的研究变得越来越活跃，每天都有新的技术被发明提出。我们在本书的最后一章，即第 8 章会针对其中的一些新技术进行介绍，供你参考。

深度学习常常被认为是非常复杂的技术，但是事实上并非如此。正如我们所提到的，深度学习是对机器学习技术的延伸，深度学习自身是非常简单，但又很优雅的。我们会在下一章中展开介绍机器学习算法的更多细节。很好地理解了机器学习，你会发现掌握深度学习的精髓就毫不费力了。

第 2 章

机器学习算法——为深度学习做准备

前一章中，通过回顾人工智能的历史，你了解了深度学习是如何发展演变而来的。你应该已经注意到，机器学习和深度学习是不可分割的。实际上，深度学习就是对机器学习算法的发展。

本章中，作为理解深度学习的前菜，你会学习机器学习的模式细节，尤其是，你会了解机器学习方法的实战代码，这些都与深度学习紧密相关。

本章的内容包括下面的主题：

- 机器学习的核心概念。
- 主流机器学习算法的概述，我们会着重讨论神经网络。
- 与深度学习相关的机器学习算法理论及实现，包括：感知器（Perceptron）、逻辑回归（Logistic Regression）、多层感知器（Multi-Layer Perception）。

2.1 入门

我们会从本章开始会加入机器学习的源代码和深度学习的 Java 代码学习。本书介绍的代码使用的 JDK 版本为 1.8，因此要求的 Java 版本为 8 及以上。此外，推荐的集成开发环境为 IntelliJ IDE 14.1。我们会使用第 5 章中介绍的第三方库，因此，我们从创建一个全新的 Maven 项目开始介绍。

本书示例代码使用的根目录包是 DLWJ，即本书书名（Deep Learning with Java）的大写首字母，按照需要，我们会在 DLWJ 目录下创建新的包或者类。请参考下面的截屏，它展示了新项目创建之初的情况：

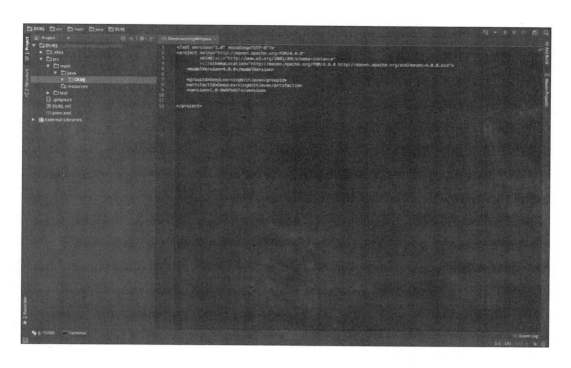

代码中有的变量或者方法命名并未严格遵守 Java 编码标准。这是为了便于你结合公式中的字符更好地进行理解，增强代码的可读性。首先，请你务必注意这一点。

2.2 机器学习中的训练需求

你已经知道机器学习是一种模式识别方法。它对给定数据中的模式进行识别和分类，进而找到合适的答案。仅仅只看字面的描述，它似乎相当简单，然而，事实并非如此，机器学习需要花费相当漫长的时间才能挖掘出未知数据，换句话说，它需要很长的时间才能构造出恰当的模型。为什么会这样呢？对数据进行分类整理有那么困难吗？它至少应该在各种处理之间安排一个"学习"阶段吧？

答案是：这当然很复杂。要想对数据进行恰当的分类是极其困难的。问题越复杂，越难找到一个完美的数据分类方法。这是因为，当你只是简单地提起"模式分类器"，它指的是几乎无穷的分类模式。我们看看下面这幅图片，它是一个非常简单的例子：

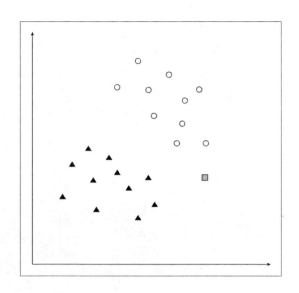

　　这幅图中有两种类型的数据，圆圈和三角形，以及一种未知的数据：正方形。你不知道该把正方形划归到二维坐标的哪一边去，因此，现在的任务就是找出正方形到底该属于哪一组。

　　你可能马上就意识到，应该要一个边界去划分这两种数据类型。如果知道如何设定这个边界，那你就知道该把这个正方形放到哪一组里了。很好，那么让我们先来确定这个边界。然而，实际上，清晰地定义这个边界并非那么容易。如果你想要设定一个边界，你需要考虑各种分界线，譬如下面这张图中所展示的那样：

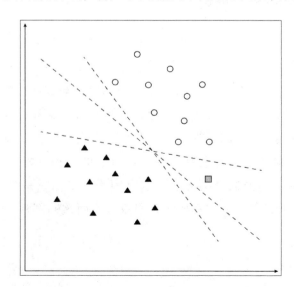

此外，你会发现，随着划分边界的变化，正方形可能被分属于不同的群组或者模式。更进一步而言，我们可能还需要考虑边界非线性的情况。

机器学习中，机器在训练时所做的就是从这些可能的模式中选择最合适的边界。当逐个处理大量数据的时候，机器就是在自动学习模式的归类。换句话说，它要调整数学模型的参数，并最终决定边界是什么。由机器学习选择的边界被称之为"决策边界（Decision Boundary）"，它可能是线性的，也可能是非线性的。如果超平面对数据进行了最优分类的话，决策边界还有可能是超平面（Hyperplane）。数据的分布越复杂，决策边界越可能是非线性的，甚至是超平面的。一个典型的例子就是多维分类问题。我们在处理这样简单的一个问题时就面临了这样的困难，所以不难想象，解决更加复杂问题时将会消耗多长的时间。

2.3 监督学习和无监督学习

前一节中，我们看到即使一个非常简单的分类问题都存在无数的边界，然而，我们很难说究竟它们中哪一个是最合适的。这是因为，即便针对已知数据我们可以恰当地分类，这也并不能保证对未知数据能够达到相同效果。不过，你可以提高模式识别的准确率。每一种机器学习方法都会设置一个标准来进行更好地模式分类，决定最佳可能的边界——决策边界——从而提高识别的准确率。毫无疑问，这些标准使用不同的方法时差异很大。在本节中，我们将介绍本书所涉及的各种方法。

首先，从广义划分而言，机器学习可以分为监督学习（Supervised Learning）和无监督学习（Unsupervised Learning）。这两种分类之间的差异是机器学习使用的数据集是否加了标签，即有标数据还是无标数据。监督学习中，机器使用包含输入和输出数据的标签数据，并确定与之相适应的模式方法模式进行分类结合起来完成工作。当机器接收到未知数据时，它会判断可以应用哪一种模式，并依据标签数据——过去的正确答案，对新的数据进行分类。举个例子，在图像识别领域，如果你准备并提供一定数量的猫的图片（并将其标记为"猫"）和同样数量的人类的图片（并将其标记为"人类"），之后你输入一些图像让机器进行学习，它能够自己进行判断这些图片应该被归类到猫或者人类的图片中（抑或二者都不属于）。当然，仅仅只是对图像是猫还是人进行判断并没有太多的实用价值，不过，如果你完全将这一技术应用到其他领域，譬如你可以创建一个系统，它能够自动地对上传到社交媒体中的图片进行标记，说明照片中的人是谁。综上所述，监督学习需要人们预先准备正确的数据，机器才能展开学习。

另一方面，无监督学习中，机器使用未标记的数据。这种情况下，只需要提供输入数据即可。机器学习的是数据集中隐含和包括的模式和规则。无监督学习的目标是掌握数据的形态。它包含了一个名为"聚类（Clustering）"的过程，它将一组具有共同特征的数据划分到一起，或者抽取出其中的关联规则。譬如，假如你手上有一组数据，是用户的年龄、性别以及访问在线购物网站的购买趋势。那么，你可能会发现，男性在二十多岁时的购物偏好和女性四十多岁时的购物偏好非常相近，你也许可以利用这种趋势改进你的产品市场策略。关于这一点，我们有一个著名的案例——通过无监督学习，人们发现大量的人在购买啤酒的同时会购买尿布。

现在，你知道监督学习和无监督学习之间存在着巨大的差别，但这还不是全部。每一种学习方法及对应的算法分别还有自己的不同。接下来的一节，让我们看看一些代表性的示例。

2.3.1　支持向量机

你大概已经知道支持向量机（Support Vector Machine，SVM）是机器学习中最流行的监督学习方法。该方法仍被广泛地应用于数据挖掘产业。使用支持向量机方法时，它会在每类数据中寻找与其他类最接近的数据，并将其标记为标准，决策边界就通过这些标准定义，这样每个标记数据与边界的欧几里德距离之和最大。这些标记数据被称之为支持向量（Support Vector）。简而言之，支持向量机将决策边界设定到了一个中间位置，使得每种模式到其的距离都最远。因此，支持向量机在算法上也被称之为"最大化间隔"算法。下面这幅图解释了支持向量机的概念：

如果仅仅只听这些，你也许会疑惑"它是这样的吗？"，不过让支持向量机最有价值的是一种数学技术：核技巧（Kernel Trick），或者核方法（Kernel Method）。使用这种技术，我们可以将低维度无法线性分类的数据，映射到更高维的空间，之后就能毫不费力地以线性方式对其进行分类。看看下面这幅图，你就能理解内核技巧是以怎样的方式进行工作的了：

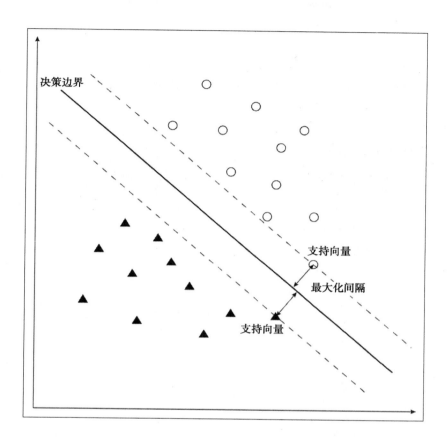

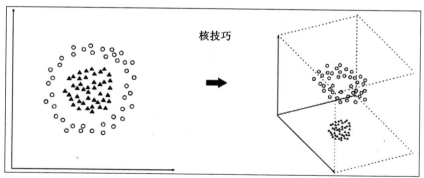

　　我们有两种类型的数据，分别以圆形和三角形代表，很明显，我们无法在二维空间中以线性的方式对其进行分类。然而，正如你在上图中看到的那样，一旦对这些数据（严格来说，是训练数据的特征向量）使用"核函数"，所有的数据会被转换到一个更高的维度空间，即三维空间，在这个空间里，我们可以使用二维平面对它们进行

分类。

虽然支持向量机既有用又优雅，它依然有其局限性。由于支持向量机需要把数据映射到高维空间，通常情况下，计算量都会增大，因此，使用支持向量机时，随着计算复杂度的增大，它所消耗的时间也会迅速增加。

2.3.2　隐马尔可夫模型

隐马尔可夫模型（Hidden Markov Model，HMM）是一种无监督训练方法，它假设所有的数据都遵循马尔可夫过程（Markov Process）。马尔可夫过程是一种随机过程，它假设未来状态只与当前值相关，而与过去的状态无关。隐马尔可夫模型主要用于预测只有一个可观察序列可见时，该观察对象可能的状态。

单凭前面的介绍，你可能还是无法全面地理解隐马尔可夫模型是如何工作的，那我们就一起来看一个例子。隐马尔可夫模型经常被用于分析碱基序列（Base Sequence）。你可能知道一个碱基序列包含了四个核苷酸（Nucleotide），譬如说 A、T、G、C；碱基序列实际上就是这些核苷酸构成的串。如果仅仅是看这个串你得不到任何信息，你还需要分析它们与某一个基因的相对关系。如果我们假设，任何的碱基序列都是随机排列的，那么你从碱基序列中截取任意部分，这四个字母出现的几率都是百分之二十五。

然而，如果碱基序列的排列遵循一定的规律，譬如，C 通常出现在 G 的后面，或者 ATT 字母的组合出现频率更高，那么每一种字符出现的概率也会随之发生变化。这种规律就是概率模型，如果输出的概率模型只依赖于它的直接前基，你就可以凭借隐马尔可夫模型从碱基序列（可观察状态序列）中定位出遗传信息（隐藏状态序列）。

除了生物信息领域，隐马尔可夫模型也常用于需要时间序列模式的领域，譬如自然语言处理（Natural Language Processing，NLP）的语法分析，或者是声音信号处理。我们在这儿并未深入介绍隐马尔可夫模型，因为它的算法与深度学习相关性不大，不过如果你想了解更多的话，可以阅读由麻省理工出版社出版的名声显赫的著作《统计自然语言处理基础（*Foundations of statistical natural language processing*）》。

2.3.3　神经网络

神经网络（Neural Network）与传统的机器学习算法略有不同。虽然其他的机器学习算法都采取基于概率或者统计的方式，神经网络却独辟蹊径，采用了完全不同的方式，它试图模拟人类大脑的结构。人类大脑是由神经元网络组成。看看下图就能得到一个大致的轮廓：

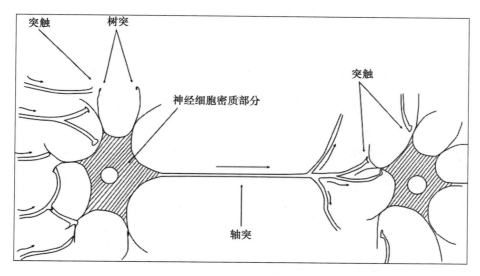

一个神经元通过另一个神经元连接到网络中，它从突触接收电信号的刺激。当电位超过某个阀值，神经元就被激活，将电刺激传送给它网络中连接的下一个神经元。神经网络依据电刺激是如何传递的来对外界进行判定。

神经网络刚出现时是一种监督学习，它以数字表示收到电信号的刺激。最近，尤其是深度学习出现以来，涌现了各种各样的神经网络算法，其中相当一部分是无监督学习。通过在学习中不断调整网络的权重，这些算法提升了它们预测的准确度。深度学习是一种基于神经网络的算法。我们会在后面的内容中详细介绍神经网络的知识，并提供相应的实现。

2.3.4 逻辑回归

逻辑回归（Logistic Regression）是变量服从伯努利分布（Bernoulli Distribution）的一种统计回归模型。不同于支持向量机和神经网络都是分类模型，逻辑回归是一种回归模型，不过它也是一种监督学习方法。虽然逻辑回归并不是神经网络，但从数学解释上看，它可以被看作一种神经网络。我们在后面的内容中也会介绍逻辑回归的细节，并提供其实现。

正如你所看到的，每一种机器学习方法都有其独特的特征。依据你想要知道什么或者你希望用你的数据干什么，选择正确的算法是非常重要的。你可以说它们都是深度学习。不过深度学习也有不同的方法，因此，你不仅应该考量到底采用哪一种最适合的方法，还需要考虑是否在某些情况下没有必要使用深度学习。量体裁衣，因地制宜地选择最合适的方法非常重要。

2.3.5 增强学习

除此之外，仅供参考的还有另外一种机器学习方法，名叫"增强学习"（Reinforcement Learning）。虽然有的分类方法会把增强学习划分到无监督学习，还有相当一部分的分类方法认为这三种学习算法：监督学习、无监督学习以及增强学习应该被划分为三种独立的算法类型。下图展示了增强学习的基础框架：

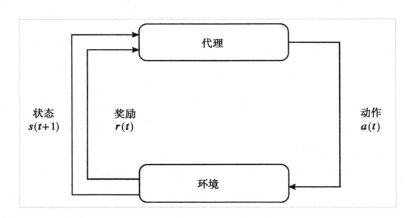

主体依据环境的状态采取相应的动作，环境根据动作呈现相应的变化。系统依据环境的变化为代理提供了一套奖励机制，代理借此可以学习更好的动作抉择（决策）。

2.4 机器学习应用流程

我们已经了解了机器学习的方法，以及这些方法是如何识别模式的。这一节里，我们会学习使用机器学习挖掘数据时该选择或者必须选择哪一套学习流程。每一种机器学习方法都会依据模型参数设置决策边界（Decision Boundary），但是我们不能只关心模型参数。还有另一个非常麻烦的问题，实际上，它也是机器学习长久以来的死穴之一：特征工程（Feature Engineering）。判断从原始数据中可以创建哪些特性，又即分析的主题，是创建一个恰当分类器必须经历的步骤。这一步的过程，与模型参数的调整大同小异，也需要经历大量的试错。某些情况下，特征工程甚至比设定一个参数更加耗费时间精力。

因此，在我们简单地提起"机器学习"，准备构建一个分类器处理实际问题时，还需要提前准备完成几个任务。一般而言，这些任务可以概括如下：

- 确定哪一种机器学习方法适用于你的问题。
- 确定该采用什么特征进行分析。
- 确定分析模型的参数设置是什么。

只有你完成了这些任务，机器学习才能有实际的用武之地。

那么，你怎样才能确定合适的特征和参数呢？怎样才能让机器开始学习？让我们首先看看下图，通过它也许你能够比较容易地了解机器学习的全貌。这是机器学习流程的一个总结：

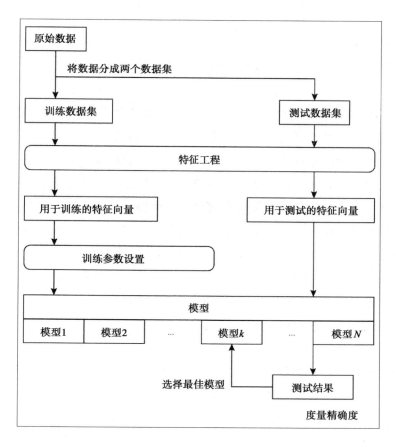

正如你从前面这幅图中所能看到的，机器学习的学习过程可以粗略划分为两个步骤：

- 训练
- 测试

实际上，模型的参数在训练阶段中会不断地被修改和调整，机器需要在测试阶段检测模型的效果。我们都知道研究或者实验几乎不可能仅凭一次训练或者一个测试集就能取得成功。我们需要一遍又一遍地重复训练→测试，训练→测试……这样的过程，直到找到正确的模型。

让我们依次看下前面的流程图。首先，你需要将原始数据划分为两部分：训练数据集和测试数据集。这里，你需要特别注意的一点是，训练数据集和测试数据集是分离的。让我们举一个例子，这样你能更容易地理解这到底是什么意思：你希望使用历史价格数据，通过机器学习预测 S&P 500 的每日价格（实际上，使用机器学习作为预测金融证券价格的工具是最吸引人的研究领域之一）。

假设你有 2001 年到 2015 年的历史股价数据作为原始数据，如果你使用这些数据进行训练，并且也使用同一时段的这些数据同样地进行测试，将会发生什么情况呢？你会发现，即使仅仅使用简单的机器学习，或者特征工程，获得正确预测的概率依旧高达 70%，甚至会到 80% 或者 90%。这样一来，你可能会想：这是多么伟大的发现啊！市场实际上就这么简单！现在我就可以成为一个亿万富翁了！

不过，这只是个昙花一现的欢喜。现实并不会一帆风顺。如果你在实际投资时也采用这样的模型，不太可能获得预期的收益，并可能因此一头雾水。如果你仔细地思考，稍微留意一下，就会发现其实这很明显。如果训练数据集和测试数据集是完全一样的，你实际上是在使用已经知道答案的数据进行测试。因此，这种测试能获得很高准确率是必然的事，因为你是用正确的答案去预测正确的问题。不过，对测试而言，这没有任何意义。如果你想要对模型进行恰当的评估，请确保使用不同时间区段的数据，譬如，你可以用 2001 年到 2010 年之间的数据作为训练数据集，使用 2011 年到 2015 年的数据进行测试。这样一来，你使用的就是答案未知的数据，从而能对模型预测准确率有一个恰当的评估。现在，你就能避免在破产的道路上一往无前了，因为你知道并非每笔投资都能赚得盆满钵满。所以，很明显地，你应该将训练数据集和测试数据集分开，不过你也有可能认为这并非一个严重的问题。然而，在数据挖掘的实际场景里，我们经常会在无意识中使用了同样的数据进行试验，所以，请给予这个问题足够的重视。我们在机器学习时就谈论到这一问题，它同样也适用于深度学习。

如果你将整个数据集划分为两部分，第一部分数据集应该作为训练数据集。为了得到更为精确的预测率，我们需要为这部分训练数据集创建恰当的特征。这种特征工程一定程度上取决于人的经验或者直觉。为了让选择的特征取得最好的效果，你可能需要花费很长的时间和大量的精力。此外，每一种机器学习方法都有各自的特征数据类型格式，因为每一种方法其模型的理论和公式也各不相同。举个例子，我们有一个模型只接受一个整数，有的模型只接受非负数字/值，还有的模型只接受介于 0 与 1 之间的实数。我们再回到前面那个股票价格的例子。由于股票价格会在一个比较大的区间变化，我们很难用一个只接受整数的模型获得比较准确的预测。

另外，我们还需要在数据与模型的兼容性方面多下工夫。我们并不是说如果你选择使用股票价格作为特征，就不能采用接受从 0 开始的所有实数的模型。譬如，如果你将所有股票的价格数据除以一定期间的最高股价，那么其数据区间就介于 0 到 1 之间，这样一来，你就可以使用只接受从 0 到 1 实数的模型了。所以，如果你稍微调整下数据的格式，还是有机会使用这种模型的。当你考虑特征工程时，请牢记这一点。一旦你创建了特征，决定了选择应用哪一种机器学习方法，就需要对这些进行检查。

很显然，机器学习中决定模型精度的重要因素是特征，不过模型自身，或者说算法中的公式也带有一系列的参数，这些参数也对模型精度有影响。调整学习的速度，或者调整机器学习中，可允许的误差数目都是这方面很好的例子。学习的速度越快，它完成计算所花的时间越短，因此我们希望机器学习尽可能地快。然而，学习速度越快，得到的最终解就越粗糙。因此，我们需要留意的是，提高学习速度会导致模型的准确率降低。如果数据中混杂了噪声，调整允许的误差范围也可以提高学习速度。机器判断"数据是否看起来古怪"的标准是人为决定的。

当然，每一个方法都有一套独特的参数集。众多的参数中，一个很不错例子是神经网络中应该有多少神经元。另外，当我们谈起支持向量机中的核函数，选择什么类型的核函数是支持向量机特有的参数之一。如上所述，机器学习需要确定很多参数，但是事先很难做到最优。至于如何预先定义模型参数，这有一块专门的研究领域，专注于参数的研究。

因此，为了验证哪些组合能返回最佳精度，我们需要测试大量的参数组合。由于一个个的单项测试会消耗大量的时间，标准流程是用不同的参数组合以并行的方式同时对多个模型进行测试，并对测试的结果进行比较。通常情况下，参数应该设置在哪一个区间是确定的，因此在一个合理的时间范围内解决问题就不是一个大问题了。

一旦模型通过训练数据集的训练能取得好的准确率，下一步就可以进行测试。测试的大致流程是使用训练数据集上同样的特征、同样的模型参数，检查其准确率到底如何。测试中并没有特别困难的步骤。计算也不会花费大量的时间。这是因为从数据中寻找模式，或者换句话说，优化公式的参数就会带来计算量。然而，一旦参数调整完毕，就可以将公式直接应用于新的数据集。简单而言，执行测试的目的就是为了检查模型是否受训练数据集的影响变得过度优化。这到底是什么意思呢？使用机器学习时，训练集下预测效果很好，但是测试集中表现不佳的模式有两种。

第一种情况是由于将无意义的干扰数据混到训练数据集引发了不正确的优化。这可能源于本章前面提到的误差允许范围的调整。我们周遭的数据并不总是干净的。甚至可以这么说，几乎没有任何数据可以被恰当地划分到纯净的模式（Clean Pattern）中。我们再一次提起股票价格的那个例子，它就是一个很好的证明。股票价格通常都在前期股价附近重复式地适度波动，不过，某些时候它们也会突然暴涨或暴跌。这种非常规的变化是没有，或者说是不可能有任何规律的。再举个例子，如果你想要预测一个国家的粮食产量，受异常气候影响的年份的数据与正常年份的数据比起来一定存在很大的差别。虽然刚才所举的都是一些极端的情况，比较容易理解，不过现实世界中的大多数数据都存在着噪声，想要将数据划分到恰当的模式比较困难。如果你仅仅做了训练而没有调整机器学习过程中模型的参数，那么模型就会强行将噪音数据也划分到一个模式中。这种情况下，训练数据集中的数据也许进行了正确的分类，不过由于训练数据集中存在着噪音，它们也进行了分类，而在测试数据集中这些噪音可能并不存在，从而影响测试的预测准确率。

第二种情况是只依据训练数据集中特有的数据进行分类而导致的无效优化（Incorrect Optimizing）。譬如，我们考虑设计一款接受英文语音输入的移动应用。为了构建你的移动应用，你应该准备各种词汇的发音数据作为训练数据集。现在，我们假设你已经准备了足够数量的英式英语语音数据，搭建了可以正确分类发音的模型，并且达到了很高的精确度。下一步就是测试。由于是测试，为了采用不同的数据，我们使用美式英语的语音数据。那么，结果如何呢？你可能不会得到比较好的准确率。更进一步，如果你试图让你的应用去识别非英语母语国家人的发音，最终的预测精度可能更低。如你所知，不同地区的人有不同的英文发音。如果你不把这一点考虑在内，只对英式英语训练数据集的模型进行调整，即使你在训练数据集上能达到很好的效果，面对测试数据集时也不会有好的成绩，也无法在实际应用中发挥作用。

出现这两个问题的原因是机器学习模型是从训练数据集中学习而来，它过度拟合于数据集了。这一问题应该被称为"过拟合问题（Overfitting Problem）"，你对此应该非常小心，避免出现这种问题。机器学习的困境在于你既要考虑如何避免过拟合问题，与此同时还要完成特征工程。这两个问题——过拟合和特征工程，在一定程度上都是相关的，因为糟糕的特征工程就会落入过拟合的陷阱。

要避免过拟合问题，除了增加训练数据和测试数据并没有太多的方法。通常而言，训练数据的数量都是有限的，所以常用的方法是增加测试的数量。一个典型的例子是"K 折交叉验证（K-Fold Cross-Validation）"。K 折交叉验证中，所有的数据一开始就被划分到 K 个集合中。接着，其中的一个集合被选为测试数据集，其他 $K-1$ 个集合作为训练数据集。交叉验证对划分的 K 个数据集分别做验证，总共进行 K 次，预测的精确度由这 K 次验证的结果取平均值确定。最让人担心的事情是训练数据集和测试数据集碰巧都有很好的预测精度，然而发生这种事件的概率在 K 折交叉验证中减小了，因为测试会进行多次。对过度拟合再怎么谨慎也不算过分，因此仔细验证测试的结果是非常有必要的。

现在你已经了解了训练的流程、什么是训练集，以及需要牢记在心的要点。以上两点主要关注于数据分析。那么，举个例子来说，如果你的目的是从已有数据中找出有价值的信息，那你就可以按照这个流程进行操作。另一方面，如果你需要应用可以处理将来的新数据，你还需要额外的流程，使用训练中获取的模型参数以及测试数据集进行预测。譬如，如果你希望从股票价格数据集中找出某些信息进行分析，并据此编写市场报告的话，下一步要做的是进行训练和测试集合。或者，如果你想要依据数据对未来的股票价格进行预测，将其作为一种投资系统的话，你的目标就变成了构建一个应用，其使用由训练获取的模型和测试数据集，基于已有的数据对股价进行预测，并且这些数据每天，或者每隔设置的固定时段都会更新。第二个例子中，如果你想要依据新增的数据更新模型，需要特别的小心，模型的构建需要在下一批数据到来之前完成。

2.5　神经网络的理论和算法

前面一节，你已经了解了使用机器学习进行数据分析的一般流程。这一节，我们会介绍神经网络的理论及算法（神经网络是机器学习众多方法之一），为接下来的深度学习内容做铺垫。

虽然我们只是轻描淡写地说"神经网络"，它们的历史其实极其悠久。首个公开的神经网络算法名为"感知器（Perceptron）"，这篇名为"The perceptron：A perceiving and Recognizing Automaton（Project Para）"的论文由弗兰克·罗森布拉特（Frank Rosenblatt）发表于 1957 年。自那以后，人们研究、开发、发布了很多相关的方法，现在神经网络已经成为深度学习的基础元素之一。虽然我们简单地以"神经网络"一言以代之，实际上神经网络存在多种类型，我们会依照顺序介绍其中代表性的方法。

2.5.1　单层感知器

感知器算法是神经网络算法中结构最简单的模型，它可以对两种类型进行线性分类。我们可以把它看成神经网络的原型。它是以最简单的方式模拟人类神经元的算法。

下图展示了通用模型的示意图：

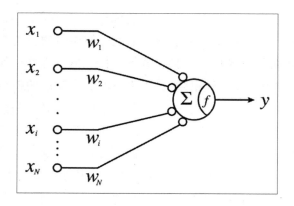

这幅图中的 x_i 表示输入信号，W_i 表示每一种输入信号对应的权重，y 表示输出信号。f 是激活函数。实际上，Σ 表示的是对所有输入数据的求和计算。请牢记，x_i 是依据预先定义的特征工程以非线性转换，所以 x_i 是工程化的特征。

这样一来，感知器的输出可以表示如下：

$$y(x) = f(w^{\mathrm{T}}x)$$

$$f(a) = \begin{cases} +1, & a \geq 0 \\ -1, & a < 0 \end{cases}$$

$f(*)$被称之为阶跃函数。正如上述公式中所展示的，感知器返回的输出是每个特征乘以其对应权重，然后求和，再将所求和作为阶跃函数的激活输入。其输出结果就是感知器的判断结果。训练过程中，你需要比较计算结果和正确的数据，并反馈错误的情况。

如果用t表示标识数据的值，那么上述公式可以改写为如下的形式：

$$t \in \{-1,1\}$$

当标识数据属于类别1，即C_1时，我们可以得到$t=1$。如果数据属于类别2，即C_2时，$t=-1$。与此同时，如果输入数据可以进行正确的分类，我们可以如下结论：

$$\begin{cases} w^T x_n > 0 & \text{其中 } x_n \in C_1 \\ w^T x_n < 0 & \text{其中 } x_n \in C_2 \end{cases}$$

将这些等式整合到一起，我们就能得到下面的公式，对每个恰当分类的数据，它都符合下面的等式：

$$w^T x_n t_n > 0$$

因此，通过最小化下面的函数，你可以增大感知器的准确度：

$$E(w) = -\sum_{n \in M} w^T x_n t_n$$

这里的E被称作"误差函数"。M表示错误分类的集合。为了最小误差函数，人们引入了梯度下降，也叫最速下降法，它是一种使用梯度递减方式寻找局部最小值的优化算法。该公式如下所示：

$$w^{(k+1)} = w^{(k)} - n \nabla E(w) = w^{(k)} + \eta x_n t_n$$

这里的η是学习速率，它是一个调整学习速率的通用算法优化参数，k表示算法中的步骤数。一般而言，学习速率（或简称"学习率"）越小，算法越容易取得局部最小值，因为这时模型无法覆盖旧的值。如果学习率很大，这种情况下，模型的参数无法收敛，因为计算的结果波动太大。因此，在实际操作中，学习率在最开始时被设置成一个比较大的值，随着每个迭代，不断地变小。另一方面，使用感知器时，如果数据是可以线性划分，算法的收敛就与学习率没有太大关系了，因此，这种情况下学习率被设置为1。

现在，我们一起来学习它的一个实现。实现中包的结构如下：

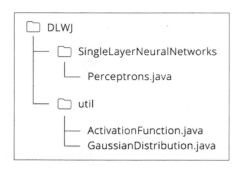

我们看看上幅图中 Perceptrons. java 的内容。主要的函数我们会逐一进行介绍。

首先，我们定义了学习需要的参数和常量。在前文介绍过，学习率（这段代码中，通过 learningRate 进行定义）可以是 1：

```
final int train_N = 1000;   // 训练数据的数量
final int test_N = 200;     // 测试数据的数量
final int nIn = 2;          // 输入数据的维度

double[][] train_X = new double[train_N][nIn];   // 用于训练的输入数据
training
int[] train_T = new int[train_N];                // 用于训练的输出数据（标记）
for training

double[][] test_X = new double[test_N][nIn];     // 用于测试的输入数据
int[] test_T = new int[test_N];                  // 用于测试的数据的实际标记
int[] predicted_T = new int[test_N];             // 模型预测的输出数据
by the model

final int epochs = 2000;          // 最大迭代次数
final double learningRate = 1.;   // 感知器中学习率可以为1
perceptrons
```

毫无疑问，机器学习及深度学习都需要数据集进行学习和分类。本节中，想关注与感知器理论密切相关的实现。源代码中附有一份样本数据集，用于模型的训练和测试，示例代码中定义了名为 GaussianDistribution 的类，它按照正态分布（也叫高斯分布）返回某个值。我们在这里并不会一行行地详细解释源码，可以查看 Gaussian-Distribution. java 了解更多的内容。我们通过设置 nln = 2 设置了学习数据的维度，它定义了下面这两种类型的实例：

```
GaussianDistribution g1 = new GaussianDistribution(-2.0, 1.0, rng);
GaussianDistribution g2 = new GaussianDistribution(2.0, 1.0, rng);
```

使用 g1. random（ ）（均值 – 2.0，方差 1.0）以及 g2. random（ ）（均值 2.0，方差

1.0）可以得到一组正态分布的数值。

使用这些值，通过 ［g1. random（ ）、g2. random（ ）］ 在类 1 中可以生成 500 个数据属性；同样，使用 ［g2. random（ ）、g1. random（ ）］ 生成另外 500 个数据属性。另外，请注意类 1 中的所有数据都标记为 1，类 2 中的每个数据都标记为 − 1。最终的结果是类 1 中的所有数据都分布在 ［− 2.0, 2.0］ 之间，而类 2 中的所有数据都分布在 ［2.0, − 2.0］ 之间，因此，这些数据可以按照线性划分，不过其中的某些数据对接近的其他类而言就变成了噪声。

自此，我们已经准备好了数据，现在可以着手构建模型。输入层中的单元数 "nIn" 在这里是一个输入参数，它决定了模型的轮廓（Outline）：

```
Perceptrons classifier = new Perceptrons(nIn);
```

下面我们看一个实际的感知器构造器。这个感知器模型中只有网络的权重 w，非常简单，如下所示：

```
public Perceptrons(int nIn) {

    this.nIn = nIn;
    w = new double[nIn];

}
```

接下来就是最后一步训练。这种学习迭代会一直持续下去，直到学习集达到预设的数值，或者可以正确分类所有训练数据：

```
while (true) {
    int classified_ = 0;

    for (int i=0; i < train_N; i++) {

        classified_ += classifier.train(train_X[i], train_T[i],
learningRate);
    }

    if (classified_ == train_N) break;  // when all data classified
correctly

    epoch++;
    if (epoch > epochs) break;
}
```

你可以按照我们之前介绍的途径，在 train 方法中使用梯度下降算法。这里的网络参数 w 已经更新了：

```java
public int train(double[] x, int t, double learningRate) {

    int classified = 0;
    double c = 0.;

    // check whether the data is classified correctly

    for (int i = 0; i < nIn; i++) {
        c += w[i] * x[i] * t;
    }

    // apply gradient descent method if the data is wrongly classified
    if (c > 0) {
        classified = 1;
    } else {
        for (int i = 0; i < nIn; i++) {
            w[i] += learningRate * x[i] * t;
        }
    }

    return classified;
}
```

一旦你对足够的数据完成了学习并构建好模型，下一步就可以进行测试了。首先，我们可以使用训练好的模型检查测试数据的分类属于哪一类。

```java
for (int i = 0; i < test_N; i++) {
    predicted_T[i] = classifier.predict(test_X[i]);
}
```

predict 只是简单地通过网络激活了输入。这里的阶跃函数定义在 ActivationFunction. java 中：

```java
public int predict (double[] x) {

    double preActivation = 0.;

    for (int i = 0; i < nIn; i++) {
        preActivation += w[i] * x[i];
    }

    return step(preActivation);
}
```

接下来，我们需要使用测试数据评判该模型的预测效果。这部分内容比较复杂，可能需要更进一步解释才可以理解。

通常而言，机器学习方法效果的判断指标是基于混淆矩阵的准确率（Accuracy）、精确度（Precision）以及召回率（Recall）。混淆矩阵对矩阵中预测正确的类和预测错误的类进行了归纳汇总，见下表所示：

	p_predicted	n_predicted
p_actual	正确预测到正例（True Positive，TP）	把正例预测成负例（False Negative，FN）
n_actual	把负例预测成正例（False Positive，FP）	正确预测到负例（True Negative，TN）

这三个指标之间的关系如下：

$$准确率 = \frac{TP + TN}{TP + TN + FP + FN}$$

$$精确度 = \frac{TP}{TP + FP}$$

$$召回率 = \frac{TP}{TP + FN}$$

准确率表示所有数据中正确分类的数据所占比率，精确度表示的是预测为正例的所有数据中实际为正例的数据所占的比率，召回率是预测为正例的数据占实际正例数据的比率。下面是实现这一功能的代码：

```
int[][] confusionMatrix = new int[2][2];
double accuracy = 0.;
double precision = 0.;
double recall = 0.;

for (int i = 0; i < test_N; i++) {

    if (predicted_T[i] > 0) {
        if (test_T[i] > 0) {
            accuracy += 1;
            precision += 1;
            recall += 1;
            confusionMatrix[0][0] += 1;
        } else {
            confusionMatrix[1][0] += 1;
        }
    } else {
        if (test_T[i] > 0) {
```

```
            confusionMatrix[0][1] += 1;
        } else {
            accuracy += 1;
            confusionMatrix[1][1] += 1;
        }
    }

}

accuracy /= test_N;
precision /= confusionMatrix[0][0] + confusionMatrix[1][0];
recall /= confusionMatrix[0][0] + confusionMatrix[0][1];

System.out.println("--------------------------");
System.out.println("Perceptrons model evaluation");
System.out.println("--------------------------");
System.out.printf("Accuracy: %.1f %%\n", accuracy * 100);
System.out.printf("Precision: %.1f %%\n", precision * 100);
System.out.printf("Recall:    %.1f %%\n", recall * 100);
```

当你编译并运行 Perceptron. java，可以得到 99.0% 的准确率、98.0% 的精确率以及 100% 的召回率。这意味着所有实际正例的数据都得到了正确的划分，不过，还是有少部分实际负例的数据被错误地划分为了正例。在这段源代码中，因为这个数据集主要的目的是为了演示，所以这段代码中也没有包括 K 折交叉验证。上面示例中的数据集是通过程序生成，几乎没有什么干扰数据（Noise Data）。因此，它的准确率、精确率和召回率都很高，因为数据能够很好地进行分类。然而，正如前面曾经提到的，要仔细地研究预测的结果，尤其是在得到非常理想结果的时候。

2.5.2　逻辑回归

看到逻辑回归这个名字，你大概就能猜测出逻辑回归是一种"回归模型"。不过，当看到它的公式时，你会发现逻辑回归使用线性区分模型泛化感知器。

逻辑回归可以被看成一种神经网络。在感知器中，我们使用阶跃函数作为激活函数，不过在逻辑回归中，我们使用（逻辑上的）sigmoid 函数。sigmoid 函数的数学定义如下所示：

$$\sigma(x) = \frac{1}{1 + e^{-x}}$$

这一函数的图形解读如下：

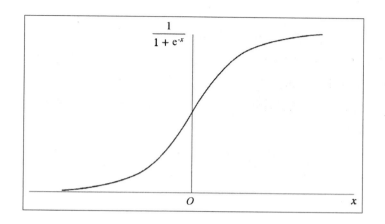

sigmoid 函数可以将任意的实数映射为 0 到 1 之间的某个值。因此，逻辑回归的输出可以作为任何一个分类的后验概率。其对应的公式可以表示如下：

$$p(C = 1 \mid x) = y(x) = \sigma(w^{\mathrm{T}}x + b)$$

$$p(C = 0 \mid x) = 1 - p(C = 1 \mid x)$$

这两个公式可以整合在一起，如下所示：

$$p(C = t \mid x) = y^t(1 - y)^{1-t}$$

这里正确的数 $t \in \{0, 1\}$。你可能也注意到，它与我们在感知器中使用的数据区间略有不同。

基于前面的公式，用于评估模型参数的最大似然值的似然函数可以用下面的公式表示：

$$L(w, b) = \prod_{n=1}^{N} y_n^{t_n}(1 - y_n)^{1-t_n}$$

其中：

$$y_n = p(C = 1 \mid x_n)$$

如你所见，这个公式中，需要进行优化的参数不仅是网络权重，还包括偏差 b。

现在需要做的是最大化似然函数，不过这种计算量让人担忧，因为函数存在乘法计算。为了简化计算，我们对似然函数取对数。除此之外，我们对符号进行了替换，目的是最小化似然函数的负对数结果。由于对数函数是单调递增的，所以原函数的关系不会发生变化。该公式可以表示如下：

$$E(w,b) = -\ln L(w,b) = -\sum_{n=1}^{N}\{t_n\ln y_n + (1-t_n)\ln(1-y_n)\}$$

你能同时看到误差函数（Error Function）。这种类型的函数称为交叉熵误差函数（Cross-Entropy Error Function）。

与感知器类似，可以通过计算模型参数 w 和 b 的梯度对模型进行优化。梯度可以通过如下公式描述：

$$\frac{\partial E(w,b)}{\partial w} = -\sum_{n=1}^{N}(t_n - y_n)x_n$$

$$\frac{\partial E(w,b)}{\partial b} = -\sum_{n=1}^{N}(t_n - y_n)$$

依据这些公式，我们可以更新模型参数，如下所示：

$$w^{(k+1)} = w^{(k)} - \eta\frac{\partial E(w,b)}{\partial w} = w^{(k)} + \eta\sum_{n=1}^{N}(t_n - y_n)x_n$$

$$b^{(k+1)} = b^{(k)} - \eta\frac{\partial E(w,b)}{\partial b} = b^{(k)} + \eta\sum_{n=1}^{N}(t_n - y_n)$$

理论上说可以直接使用上述公式，并对其进行实现。不过，如你所料，这样一来要计算所有数据的总和，才能得出每次迭代的梯度。一旦数据集变大，计算的开销将会迅速增加。

因此，通常会采用另一种方式来进行，即从数据集中选择部分数据，仅对这些选中的数据求和来计算梯度，从而更新模型的参数。这种方法称为"随机梯度下降法"（Stochastic Gradient Descent，SGD），因为数据是从数据集中随机选择的。每次参数刷新所使用子集被称为"小批量（Mini-Batch）"。

使用"小批量"的 SGD 有些时候也被称之为"小批量随机梯度下降（Mini-Batch Stochastic Gradient Descent，MSGD）"。为了与之进行区别，随机地从数据集中选取某个数据进行学习的在线训练被称之为"随机梯度下降，SGD"。然而，本书中，我们把 MSGD 和 SGD 都统称为 SGD，因为当分批处理的尺度为 1时，它们二者并没有什么区别。由于对每个数据都进行学习会增加计算量，一种推荐的方式是使用"小批量处理"的方式。

就逻辑回归的实现而言，由于下一节介绍多类逻辑回归时会涉及，所以本节就不再提供代码示例了。

2.5.3　多类逻辑回归

逻辑回归也可以应用于多类划分。二类划分中，激活函数是 sigmoid 函数，其输出值介于 0 和 1 之间，你可以凭借输出值对数据进行分类。那么，如果类别有 K 类，我们如何划分数据呢？幸运的是，这并不困难。我们可以使用 softmax 函数，将公式的输出改成 K-类成员概率向量，从而对多类数据进行划分。而 softmax 函数是 sigmoid 函数的多变量版本。每一类数据的后验概率可以表示如下：

$$p(C = k \,|\, x) = y_k(x) = \frac{\exp(w_k^{\mathrm{T}} x + b_k)}{\displaystyle\sum_{j=1}^{K} \exp(w_j^{\mathrm{T}} x + b_j)}$$

通过这一函数，你可以像二类划分那样，得到对应的似然函数以及负对数似然函数，如下所示：

$$L(W, b) = \prod_{n=1}^{N} \prod_{k=1}^{K} y_{nk}^{t_{nk}}$$

$$E(W, b) = -\ln L(W, b) = -\sum_{n=1}^{N} \sum_{k=1}^{K} t_{nk} \ln y_{nk}$$

这里的 $W = [w_1, \cdots, w_j, \cdots, w_k]$，$y_{nk} = y_k(x_n)$。同时，$t_{nk}$ 是正确数据向量的第 K 个元素，t_n 它对应于第 n 个训练数据。如果输入数据属于类别 K，那么 t_{nk} 的值就为 1，否则其值就为 0。

损失函数关于权重向量和偏差等模型参数的梯度可以描述如下：

$$\frac{\partial E}{\partial w_j} = -\sum_{n=1}^{N} (t_{nj} - y_{nj}) x_n$$

$$\frac{\partial E}{\partial b_j} = -\sum_{n=1}^{N} (t_{nj} - y_{nj})$$

为了更好地理解这一理论，让我们一起看看它对应的源码。这其中，你可以看到与 "小批量（Mini-Batch）" 相关变量以及模型需要的变量：

```
int minibatchSize = 50;  // 每一小批中所包含的数据数量
int minibatch_N = train_N / minibatchSize; // 批数

double[][][] train_X_minibatch = new double[minibatch_N]
[minibatchSize][nIn];  // 多批训练数据
int[][][] train_T_minibatch = new int[minibatch_N][minibatchSize]
[nOut];        // 多批训练数据的标签
```

下面这段代码演示了训练数据洗牌打乱的过程，通过这种方式每个小批量都能随机地应用 SGD 算法：

```
List<Integer> minibatchIndex = new ArrayList<>();  // 设置批次的数据索
引以便使用SGD算法
for (int i = 0; i < train_N; i++) minibatchIndex.add(i);
Collections.shuffle(minibatchIndex, rng);  // 为SGD算法打乱数据索引
```

由于我们已经了解了"多类划分（Multi-Class Classification）"的问题，接下来，我们将生成三个类的样本数据集用了三个类。除了在感知器中使用的均值和方差，我们还引入了第三类数据集，它的训练数据和测试数据遵循正态分布，均值为 0.0，方差为 1.0。换句话说，每一类数据都遵循正态分布，均值为 [-2.0, 2.0]，[2.0, -1.0]，以及 [0.0, 0.0]，方差为 1。我们将训练数据定义为 int 类型，被打过标签的测试数据定义为 Integer 类型。这样设计的目的是为了在评价模型时，处理测试数据更容易。此外，每一个标记数据都定义为一个数组，因为遵循"多类划分"原则，它的长度要与类别数量相匹配：

```
train_T[i] = new int[]{1, 0, 0};
test_T[i] = new Integer[]{1, 0, 0};
```

接下来，我们就可以使用之前定义的 MiniBatchIndex 将训练数据划分为一个个"小批量"：

```
for (int i = 0; i < minibatch_N; i++) {
    for (int j = 0; j < minibatchSize; j++) {
        train_X_minibatch[i][j] = train_X[minibatchIndex.get(i *
minibatchSize + j)];
        train_T_minibatch[i][j] = train_T[minibatchIndex.get(i *
minibatchSize + j)];
    }
}
```

自此，我们已经准备好了数据，让我们开始实际地构建一个模型：

```
LogisticRegression classifier = new LogisticRegression(nIn, nOut);
```

逻辑回归模型的参数是网络权重 W，以及偏差 b：

```
public LogisticRegression(int nIn, int nOut) {

    this.nIn = nIn;
```

```
    this.nOut = nOut;

    W = new double[nOut][nIn];
    b = new double[nOut];

}
```

处理完所有的"小批量"训练才算结束。如果你将 minibatchSize 设置为 1，即 minibatchSize = 1，训练就转化为所谓的"在线训练（Online Training）"：

```
for (int epoch = 0; epoch < epochs; epoch++) {
    for (int batch = 0; batch < minibatch_N; batch++) {
        classifier.train(train_X_minibatch[batch], train_T_
minibatch[batch], minibatchSize, learningRate);
    }
    learningRate *= 0.95;
}
```

这段代码中，学习速率逐渐变小，使得模型得以收敛。现在，对于实际干活儿的训练方法 train，你可以像下面这样将其划分为两个部分：

1. 使用"小批量"的数据计算 W 的梯度以及偏差 b。
2. 用计算出来的梯度更新 W 和 b：

```
// 1.计算W和b的梯度
for (int n = 0; n < minibatchSize; n++) {

    double[] predicted_Y_ = output(X[n]);

    for (int j = 0; j < nOut; j++) {
        dY[n][j] = predicted_Y_[j] - T[n][j];

        for (int i = 0; i < nIn; i++) {
            grad_W[j][i] += dY[n][j] * X[n][i];
        }

        grad_b[j] += dY[n][j];
    }
}

// 2.更新参数
for (int j = 0; j < nOut; j++) {
    for (int i = 0; i < nIn; i++) {
        W[j][i] -= learningRate * grad_W[j][i] / minibatchSize;
    }
    b[j] -= learningRate * grad_b[j] / minibatchSize;
```

```
}

return dY;
```

在 train 方法末尾，返回了 dY，它表示预测数据和正确数据的误差值。对于逻辑回归而言，这并非强制的，不过在机器学习和深度学习算法中，这是必需的，我们后面会介绍其中的缘由。

训练的下一步是就是测试了。逻辑回归中的测试过程与感知器中的测试过程相比，并没有什么实质的变化。

首先，在 predict 方法中，我们使用训练模型预测输入数据：

```
for (int i = 0; i < test_N; i++) {
    predicted_T[i] = classifier.predict(test_X[i]);
}
```

上述代码中调用的 predict 方法和 output 方法的定义如下：

```
public Integer[] predict(double[] x) {

    double[] y = output(x);  // activate input data through learned
networks
    Integer[] t = new Integer[nOut]; // output is the probability, so
cast it to label

    int argmax = -1;
    double max = 0.;

    for (int i = 0; i < nOut; i++) {
        if (max < y[i]) {
            max = y[i];
            argmax = i;
        }
    }

    for (int i = 0; i < nOut; i++) {
        if (i == argmax) {
            t[i] = 1;
        } else {
            t[i] = 0;
        }
    }

    return t;
}
```

```
public double[] output(double[] x) {

    double[] preActivation = new double[nOut];

    for (int j = 0; j < nOut; j++) {

        for (int i = 0; i < nIn; i++) {
            preActivation[j] += W[j][i] * x[i];

        }

        preActivation[j] += b[j];  // linear output
    }

    return softmax(preActivation, nOut);
}
```

首先，用 output 方法激活输入数据。参考上面的代码，你会看到在 output 方法的最后，激活函数使用了 softmax 函数。softmax 方法定义在 ActivateFunction. java 中，该方法返回一个数组，该数组显示了当前样本属于每个类别的概率，因此，你只需要找出数组中具有最高概率值的元素索引。该索引就代表了预测的类。

最后，我们还需要对模型进行评估。混淆矩阵再一次被应用于模型评估，不过我们需要特别小心，因为这一次，我们有多个类的分类，你需要找出每一个类的精确度或者召回率：

```
int[][] confusionMatrix = new int[patterns][patterns];
double accuracy = 0.;
double[] precision = new double[patterns];
double[] recall = new double[patterns];

for (int i = 0; i < test_N; i++) {
    int predicted_ = Arrays.asList(predicted_T[i]).indexOf(1);
    int actual_ = Arrays.asList(test_T[i]).indexOf(1);

    confusionMatrix[actual_][predicted_] += 1;
}

for (int i = 0; i < patterns; i++) {
    double col_ = 0.;
    double row_ = 0.;

    for (int j = 0; j < patterns; j++) {

        if (i == j) {
```

```
        accuracy += confusionMatrix[i][j];
        precision[i] += confusionMatrix[j][i];
        recall[i] += confusionMatrix[i][j];
    }

    col_ += confusionMatrix[j][i];
    row_ += confusionMatrix[i][j];
}
    precision[i] /= col_;
    recall[i] /= row_;
}

accuracy /= test_N;

System.out.println("----------------------------------");
System.out.println("Logistic Regression model evaluation");
System.out.println("----------------------------------");
System.out.printf("Accuracy: %.1f %%\n", accuracy * 100);
System.out.println("Precision:");
for (int i = 0; i < patterns; i++) {
    System.out.printf(" class %d: %.1f %%\n", i+1, precision[i] * 100);
}
System.out.println("Recall:");
for (int i = 0; i < patterns; i++) {
    System.out.printf(" class %d: %.1f %%\n", i+1, recall[i] * 100);
```

2.5.4 多层感知器

单层神经网络存在着巨大的问题。感知器或者逻辑回归对于能够进行线性划分的问题而言还算比较高效，不过它们完全无法处理非线性的问题。譬如，它们甚至无法解决如下图所示最简单的异或（XOR）问题：

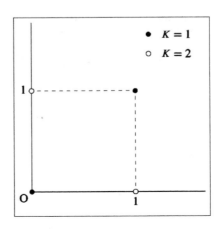

由于大多数现实世界的问题都是非线性的，感知器和逻辑回归都不能应用于这些场景。因此，算法又做了进一步的改良，来应对这些非线性的问题。这些就是多层感知器（MLP），或者称之为多层神经网络（Multi-Layer Neural Networks）。从这个名字你大概也能猜出其中的变化，通过在输入层和输出层之间添加名为"隐藏层"的新的一层，网络具备了表示多种模式的能力。下图是多层神经网络的图像模式：

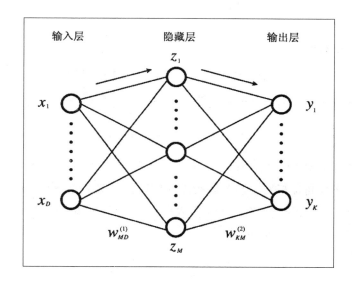

这幅图的目的并不是介绍跨层的连接。研究神经网络，无论是理论还是实现，我们都应尽量保证模型中有前向反馈的网络结构。遵循这些原则，同时增加"隐藏层"的数目，你往往能用不太复杂的数学模型逼近任意函数。

现在，让我们看看如何计算输出。乍一看，这似乎很复杂，不过它要做的事情和之前一样，还是累计各层以及网络的权重或激励，因此，你要做的就是简单地将各层的公式整合到一起。每个输出用公式可以表示如下：

$$E(W,b) = -\ln L(W,b) = -\sum_{n=1}^{N}\sum_{k=1}^{K} t_{nk}\ln Y_{nk}$$

这个公式中，h 是隐藏层的激活函数，g 是输出层。

前面已经介绍过，对于多类划分（Muti-Class Classfication）的情况，输出层的激活函数使用 softmax 方法计算非常高效，它对应的误差函数（Error Function）可以表示如下：

$$y_k = g\left(\sum_{j=1}^{M} w_{kj}^{(2)} z_j + b_k^{(2)}\right)$$

$$= g\left(\sum_{j=1}^{M} w_{kj}^{(2)} h\left(\sum_{i=1}^{D} w_{ji}^{(1)} x_i + b_j^{(1)}\right) + b_k^{(2)}\right)$$

对单层网络而言，直接在输入层反映出这种误差没有太大的问题，然而，对多层网络来说，神经网络无法以一个整体的方式进行学习，除非这些错误同时出现在隐藏层和输入层。

幸运的是，前向反馈网络中有一种反向传播（Backpropagation）算法，它能通过前后向追踪网络，让误差可以高效地在模型中传播。我们一起看看这个算法的机制。为了增加算法的可读性，我们假设误差函数的计算发生于在线学习时，如下所示：

$$E(W, b) = \sum_{n=1}^{N} E_n(W, b)$$

我们现在只考虑公式中的梯度 E_n。由于大多数情况下，实际应用时数据集中的数据都相互独立，并且同分布的，因此像刚才那样进行定义完全没有问题。

前向反馈网络中的每个神经元可以看成连接到这个神经元的所有网络其权重的求和，因此，通用的表达式如下所示：

$$a_j = \sum_i w_{ji} x_i + b_j$$

$$z_j = h(a_j)$$

请注意，这里的 x_i 不仅仅表示输入层的值（当然，它可以是输入层的值）。此外，h 是非线性激活函数。权重的梯度和偏差的梯度可以表示如下：

$$\frac{\partial E_n}{\partial w_{ji}} = \frac{\partial E_n}{\partial a_j} \frac{\partial a_j}{\partial w_{ji}} = \frac{\partial E_n}{\partial a_j} x_i$$

$$\frac{\partial E_n}{\partial b_j} = \frac{\partial E_n}{\partial a_j} \frac{\partial a_j}{\partial b_j} = \frac{\partial E_n}{\partial a_j}$$

现在，我们用下面这个公式定义一个符号：

$$\delta_j := \frac{\partial E_n}{\partial a_j}$$

然后，我们就得到：

$$\frac{\partial E_n}{\partial w_{ji}} = \delta_j x_i$$

$$\frac{\partial E_n}{\partial b_j} = \delta_j$$

因此，我们比较这两个公式，输出神经元可以描述如下：

$$\delta_k = y_k - t_k$$

此外，隐藏层的每个单元可以表示为：

$$\delta_j = \frac{\partial E_n}{\partial a_j} = \sum_k \frac{\partial E_n}{\partial a_k} \frac{\partial a_k}{\partial a_j}$$

$$\delta_j = h'(a_j) \sum_k w_{kj} \delta_k$$

至此，我们完成了反向传播公式的介绍。因此，增量被称作反向传播的误差（Backpropagated Error）。通过计算反向传播的错误，我们可以得出权重和偏差。看着公式，你可能会觉得这比较困难，不过它所做的基本上就是从连接的单元接收误差的反馈并更新权重这一件事，因此也并没有那么困难。

现在，让我们用一个简单的异或问题做例子，看看如何实现。当你读完源码之后，会有更加清晰的理解。代码的包结构如下所示：

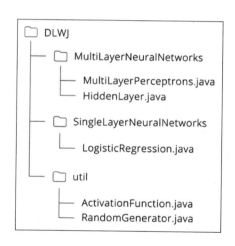

该算法的基本流程定义在 MultiLayerPerceptrons. java 中，不过反向传播的实际实现是在 HiddenLayer. java 中。我们使用多类逻辑回归实现输出层。由于我们并没有对 LogisticRegression. java 进行任何修改，所以这部分代码本节就不再重复列出。我们在 ActivationFunction. java 中新增了 sigmoid 函数和双曲正切函数（Hyperbolic Tangent）的求导。双曲正切函数常常作为 sigmoid 函数的可选替代，也是一种激活函数。此外，

RandomGenerator. java 中，增加了基于均匀分布生成随机数的方法。这个函数会以随机方式初始化隐藏层的权重，这一步非常重要，因为模型经常因为这些初始值的设定问题陷入局部最优，无法完成对数据的分类。

我们看看 MultiLayerPerceptrons. java 的内容。MultiLayerPerceptron. java 中为每一层分别定义了不同的类：HiddenLayer 类用于隐藏层，LogisticRegression 类用于输出层。这些类的实例分别定义为 hiddenLayer 以及 logisticLayer：

```java
public MultiLayerPerceptrons(int nIn, int nHidden, int nOut, Random
rng) {

    this.nIn = nIn;
    this.nHidden = nHidden;
    this.nOut = nOut;

    if (rng == null) rng = new Random(1234);
    this.rng = rng;

    // 使用tanh作为激活函数构造隐藏层
    hiddenLayer = new HiddenLayer(nIn, nHidden, null, null, rng,
"tanh");   // sigmoid或tanh

    // 构造输出层，即多类逻辑层
    logisticLayer = new LogisticRegression(nHidden, nOut);

}
```

MLP 的参数是隐藏层 HiddenLayer 以及输出层 LogisticRegression 的权重 W 和偏差 b。由于输出层和之前介绍的版本没有什么变化，所以我们这里不再复述它的代码了。HiddenLayer 的构造器定义如下：

```java
public HiddenLayer(int nIn, int nOut, double[][] W, double[] b, Random
rng, String activation) {

    if (rng == null) rng = new Random(1234);   // 随机数种子

    if (W == null) {

        W = new double[nOut][nIn];
        double w_ = 1. / nIn;

        for(int j = 0; j < nOut; j++) {
            for(int i = 0; i < nIn; i++) {
                W[j][i] = uniform(-w_, w_, rng);   // 使用均匀分布初始化W
uniform distribution
```

```
                }

            }

        }

        if (b == null) b = new double[nOut];

        this.nIn = nIn;
        this.nOut = nOut;
        this.W = W;
        this.b = b;
        this.rng = rng;

        if (activation == "sigmoid" || activation == null) {

            this.activation = (double x) -> sigmoid(x);
            this.dactivation = (double x) -> dsigmoid(x);

        } else if (activation == "tanh") {

            this.activation = (double x) -> tanh(x);
            this.dactivation = (double x) -> dtanh(x);

        } else {

            throw new IllegalArgumentException("activation function not
supported");
        }

    }
```

随机初始化 w，其数目与神经元数目一致。实际上，这种初始化需要高度技巧，因为一旦初始值的分布不合适，你常常会面临局部最小的问题。因此，实际应用中，常常用一些随机种子对模型进行测试。激活函数既可以使用 sigmoid 函数，也可以使用双曲正切函数。

MLP 的训练可以通过神经网络依次由前向传播和后向传播轮流进行：

```
public void train(double[][] X, int T[][], int minibatchSize, double
learningRate) {

    double[][] Z = new double[minibatchSize][nIn];  // 隐藏层的输出
（与输出层的输入相同）
    double[][] dY;

    // 前向隐藏层
    for (int n = 0; n < minibatchSize; n++) {
```

```
        Z[n] = hiddenLayer.forward(X[n]);   // 激活输入单元
    }

    // 前向及后向输出层
    dY = logisticLayer.train(Z, T, minibatchSize, learningRate);

    // 后向隐藏层（后向传播）
    hiddenLayer.backward(X, Z, dY, logisticLayer.W, minibatchSize,
learningRate);
}
```

从 hiddenLayer. backward 我们可以了解如何由逻辑回归，得到隐藏层的后向传播预测误差 dY。请注意，反向传播也需要逻辑回归的输入值：

```
public double[][] backward(double[][] X, double[][] Z, double[][] dY,
double[][] Wprev, int minibatchSize, double learningRate) {

    double[][] dZ = new double[minibatchSize][nOut];   //
反向传播的错误

    double[][] grad_W = new double[nOut][nIn];
    double[] grad_b = new double[nOut];

    // 使用SGD进行训练
    // calculate backpropagation error to get gradient of W, b
    for (int n = 0; n < minibatchSize; n++) {

        for (int j = 0; j < nOut; j++) {

            for (int k = 0; k < dY[0].length; k++) {  // k < ( nOut of
previous layer )
                dZ[n][j] += Wprev[k][j] * dY[n][k];
            }
            dZ[n][j] *= dactivation.apply(Z[n][j]);

            for (int i = 0; i < nIn; i++) {
                grad_W[j][i] += dZ[n][j] * X[n][i];
            }

            grad_b[j] += dZ[n][j];
        }
    }

    // 更新参数
    for (int j = 0; j < nOut; j++) {
        for(int i = 0; i < nIn; i++) {
            W[j][i] -= learningRate * grad_W[j][i] / minibatchSize;
        }
        b[j] -= learningRate * grad_b[j] / minibatchSize;
```

```
        }

        return dZ;
    }
```

你大概会想这个算法太复杂了，很难懂，因为它的参数似乎很复杂，不过我们这里所做的几乎与我们在逻辑回归 Train 方法中所做的一样：我们使用"小批量"为单位计算了 W 和 b 的梯度，并更新了模型参数。就这么简单。那么，MLP 可以解决异或问题了么？执行下 MultiLayerPerceptrons.java 看看它的结果吧。

结果只输出了模型准确率、精确率以及召回率的百分比，然而，举例而言，如果你使用 LogisticRegression 的 predict 方法查看预测数据的话，你会看到它实际的预测概率是多少，如下所示：

```
double[] y = output(x);  // 通过学习网络激活输入数据
networks
Integer[] t = new Integer[nOut]; // 输出为概率，将其转换为对应的标签

System.out.println( Arrays.toString(y) );
```

通过以上，我们演示了 MLP 可以接近异或函数。更进一步，实际上 MLP 已经被证明可以接近任意的函数。我们在这里并未提供数学推导的细节，不过你可以很容易理解，随着更多 MLP 单元的加入，它将能表达和接近更复杂函数。

2.6   小结

本章作为深度学习的铺垫，我们介绍了神经网络，它是一种机器学习算法。你学习了三种代表性的单层神经网络经典算法，分别是：感知器、逻辑回归以及多类逻辑回归。我们了解到单层神经网络无法解决非线性问题，而这一问题可以由多层神经网络——输入层和输出层之间配有隐藏层（一层或多层）的神经网络解决。为什么 MLP 可以解决非线性问题的一个直观解释是通过增加层和神经元的数量，网络可以学习更复杂的逻辑操作，因而有能力表达更复杂的函数。使得模型具备这一能力的关键是反向传播算法。通过向整个网络反向传播输出的误差，模型在每个迭代中都得以更新，调整以适应训练数据，最终达到优化，可以得到接近数据的函数。

接下来的一章，你会学习深度学习的概念和算法。由于你已经掌握了机器学习的基础算法，学习深度学习时不会有任何的困难。

第 3 章

深度信念网络与栈式去噪自编码器

从本章开始到下一章为止，将会开始学习深度学习的算法。我们将从基础的数学原理开始，一步步深入理解各个算法。在理解了深度学习的基础概念和原理后，你就可以轻易地在实际应用中使用它们了。

在本章中，将会学到的内容包括：

- 深度学习取得突破的原因。
- 深度学习与过去的机器学习（神经网络）的区别。
- 深度学习经典算法的原理与实现，包括深度信念网络（Deep Belief Net，DBN）和栈式去噪自编码器（Stacked Denoising Autoencoders，SDA）。

3.1 神经网络的没落

在上一章中学习了神经网络的经典算法，知道了感知器无法解决非线性分类问题，但是多层模型的神经网络可以解决这个问题。换句话说，在输入层和输出层中间添加一个隐藏层就可以学习并解决非线性问题。这个方法并没有其他特别之处；但是通过增加单个层的神经元的个数，整体的神经网络就可以表示出更多的模式。从原理上讲，如果忽略花费的时间和过拟合的问题，神经网络可以近似模拟任何的函数。

那么，是否可以这样想一下？如果增加隐藏层的数量（不断地累加隐藏层）那么神经网络是否可以解决任何密集的问题呢？我们很自然地有这样的一个想法。实际上，这个想法已经被尝试过了。结果发现，这种想法并不成功。仅仅累加层的做法并不能让神经网络解决世界上的问题。相反，在有些情况下，与较少层的神经网络相比，预测的精确度更低。

为什么会发生这种情况呢？具有更多层的神经网络更具表达力并没有错。那么，问题出在哪里呢？其实，这种情况是前馈神经网络中学习算法所使用的特征造成的。正如在上一章学到的，反向传播算法用于把多层神经网络的学习误差高效地传播到整个网络。在这个算法中，误差会在神经网络的每个层上反向传播，并依次逐层汇聚到输入层。通过把误差从输出层向输入层的反向传播，网络各层的权重会依次调整，整个网络的权重会被优化。

而这就是问题所在。如果网络的层数较少，从输出层进行反向传播的误差可以很好地修改各层的权重。然而，一旦层数增加，每次反向传播层的误差会逐渐消失，这就无法有效调整网络的权重参数了。在靠近输入层的那些层将根本无法获取到误差。

层间连接密集的神经网络无法调节权重参数。因此，整个网络的权重参数都无法优化，造成的结果就是，网络无法有效的学习。这个就是著名的消失梯度问题（Vanishing Gradient Problem），在深度学习出现之前，它长期困扰着神经网络的科研人员。神经网络算法因此在初期就遇到了瓶颈。

3.2　神经网络的复兴

因为消失梯度问题，神经网络在机器学习领域黯淡下去。在现实世界的数据挖掘中，使用神经网络的案例屈指可数，无法与其他如逻辑回归和 SVM 的经典算法相比。

但随着深度学习的出现，现有的这种局势被打破了。如你所知，深度学习就是累加多层的神经网络。换句话说，它是深度神经网络，而且它在特定领域的预测表现惊人。现在，所谓的 AI 研究，可以毫不夸张地说是深度神经网络的研究。无疑这是神经网络的反击。如果是这样的话，为什么在深度学习中没有出现消失梯度问题呢？它和以往的算法又有什么区别呢？

接下来，我们会深入了解下深度学习具有这一预测能力的原因及其原理。

3.2.1　深度学习的进化——突破是什么

我们可以说有两种算法导致了深度学习的流行。第一种就是在第 1 章提到的，由

Hinton 教授（https://www.cs.toronto.edu/~hinton/absps/fastnc.pdf）首先提出的 DBN。第二种就是由 Vincent 等人提出的 SDA（http://www.iro.umontreal.ca/~vincentp/Publications/denoising_autoencoders_tr1316.pdf）。在 DBN 的简介中也简单提到了一些 SDA。据记载，SDA 在采用和 DBN 相似的方法的深度层后，也有很高的预测能力，尽管算法的细节不尽相同。

那么，解决消失梯度问题的常见方法是什么呢？也许为了理解 DBN 或者 SDA，你正紧张兮兮地要去解决密集的公式，但不要着急。DBN 完全是可理解的算法。而且，其原理非常简单。深度学习就是由这种非常简单优雅的方法构建起来的。这个方法就是逐层训练（Layer-Wise Training）。就是这么简单。在你知道后可能会想，这个方法显而易见啊，但就是这个方法让深度学习开始流行。

前面提到过，在理论上，如果神经网络有更多的神经元或者层数，它可以更具表现力，并增加可以解决的问题数量。而失败的原因是因为各层无法正确获得传播的误差，导致整个网络的参数无法合理地调整。这就是逐层学习的灵感来源。因为网络单独调整各层的权重参数，整个网络（也就是说，模型的参数）即使积累了多层，依旧可以合理地优化参数。

以前的模型失败的原因在于它们直接把反向传播误差从输出层传递到输入层，直接调整整个网络的权重来优化参数。因此，当算法变成逐层训练时，模型就可以很好地进行优化。这就是深度学习取得突破的地方。

然而，我们说起逐层训练简单，还是需要实现这一学习过程的技术。同样，整个网络的参数调节也不能理所当然地仅靠逐层训练就可以完成。我们需要最终的参数调整。逐层训练的这一阶段叫作预训练（Pre-Training），后面的调整阶段叫作精调（Fine-Tuning）。可以这么说，DBN 和 SDA 引入的更大的特性的是预训练，但这两个特性在深度学习的流程中是必要的部分。怎么做预训练呢？精调会做什么呢？接下来会对这两个问题一一讲解。

3.2.2　预训练的深度学习

深度学习更像是有累加隐藏层的神经网络。在预训练阶段的逐层训练会在各个层上进行学习。然而，你可能依旧会有以下问题：如果有两个隐藏层（也就是说，既不是输入层，也不是输出层），那么要如何完成训练？输入和输出又是什么样的呢？

在思考这些问题之前，再次提醒自己以下几点（继续不断地巩固）：深度学习是累计多层的神经网络。这意味着，模型的参数依旧是深度学习中网络的权重参数（和偏差）。因为这些权重（和偏差）在各层之间都需要调整，在标准的三层神经网络（即，输入层、隐藏层和输出层），仅需要优化输入层和隐藏层之间、隐藏层和输出层之间的权重参数。然而，在深度学习中，两个隐藏层之间的权重参数也需要调整。

首先，我们先考虑一层的输入。你可以快速简单地在脑中想象一下。从前层传递过来的值将会变成当前层的输入。从前层传递来的值不是别的，正是通过使用网络权重参数得到的前层前向传播到当前层的值。描述起来非常简单，但是如果进一步深入并试图理解它的含义的话，你就会发现它有非常重要的含义。前层的值变成了输入，这表明前层学到的特征成为了当前层的输入，而在此时，当前层会从给定的值中学到新的特征。换句话说，在深度学习中，特征是从输入数据中逐层学习到的（半自动化的）。这暗含着层数越深，学习到的特征越高级。这是多层神经网络无法做到的，也是深度学习被叫作"可以学习概念的机器"的原因。

现在，考虑一下输出。请记住考虑输出意味着考虑如何学习。DBN 和 SDA 具有完全不同的学习方法，但都满足下面的条件：学习是为了把输出值和输入值视为同等。你可以会想"你在说什么啊？"，但这就是让深度学习成为可能的技术。

数据来自输入层，并会通过隐藏层回到输入层，而这个技术就是为了调整网络的权重参数（即，同等对待输出值和输入值），并同时消除误差。图形化的模型如下图所示：

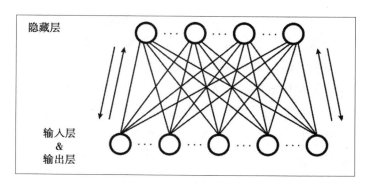

乍看它和标准的神经网络不一样，但其实并没有什么不同。如果刻意将输入层和输出层分开画，那么机制就与一般的神经网络具有同样的结构：

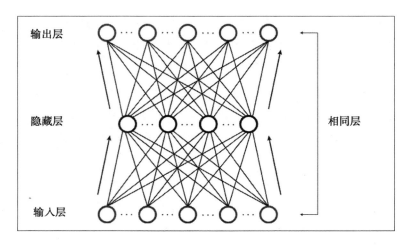

对于人类来说，直觉上不会作出"匹配输入和输出"的操作，但对机器而言，这个操作非常有用。如果这样的话，它是如何通过匹配输出层和输入层从输入的数据中学习特征呢？

需要一点解释吗？我们可以这样思考：在包括神经网络的机器学习算法中，学习的目的是最小化模型预测的输出与数据集的输出间的误差。其机制是通过从输入数据中找到一种模式来消除误差，并让具有同样模式的数据获得同样的输出结果（比如，0或者1）。那么如果把输出值变为输入值会发生什么呢？

当整体看待要用深度学习解决的问题时，基本上输入数据就是可以分成几种模式的数据集。这意味着输入数据有一些通用的特征。如果是这样的话，在学习的过程中，每个输出的值就变成了输入数据的代表，网络的权重参数应该被调节，以便更好地反映这些通用特征。同时，即使在被划分为同类的数据中，学习过程应该减少那些非通用特征部分的权重参数，即，噪声部分的权重参数。

现在你应该明白了在特定层的输入和输出，以及学习的过程是怎么样的。一旦特定层的预训练完成后，网络将会在下一层进行学习。然而，正如你在下图中看到的，请记住隐藏层会在网络开始学习下一层时，变为输入层。

这里的重点就是经过预训练后的训练层可以被当作正常的、网络权重参数已经被修改好的前馈神经网络。因此，如果想知道输入的值，我们可以简单地通过网络从输入层到当前层，进行前向传播计算出来。

到现在为止，我们已经了解了预训练的流程（即，逐层训练）。在深度神经网络的隐藏层，输入数据的特征会逐层通过输入匹配输出而被学习到。现在，可能有人会有

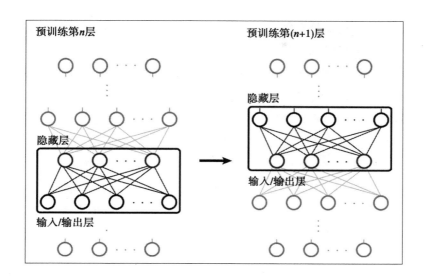

疑问：我可以理解特征在预训练时被逐层学习到，但仅这一点并不能解决分类问题。那么，它是如何解决分类问题的呢？

其实，在预训练过程中，并没有哪些数据属于哪个类别这样的信息。这表明预训练是非监督式训练，它仅会从输入数据中分析它们的潜在模式。无论它提取出什么特征，如果不能用于解决问题，那就毫无意义。因此，模型需要再完成一个步骤，才可以解决分类问题。这个步骤就是精调。精调的主要作用在于：

1. 为深度神经网络添加一个完成预训练的输出层，用于进行监督训练。

2. 为整个深度神经网络做最终的修改。

具体如下图所示：

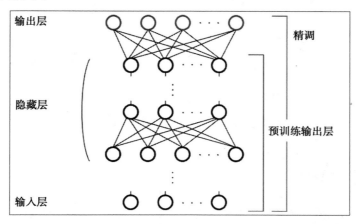

在输出层使用的监督训练会使用一个机器学习算法，比如逻辑回归或者 SVM。一般而言，基于计算量和准确率的平衡考虑，更多的会使用逻辑回归。

在精调阶段，有时只有输出层的权重参数会被修改，但一般整个神经网络的权重参数，包括那些在预训练时已经调节好的权重参数，也会被修改。这表明标准的学习算法，换句话说，反向传播算法，在应用到深度神经网络时就和一个多层神经网络一样。这样，可以解决更复杂分类问题的神经网络模型就完成了。

即使如此，你可能会有下列问题：为什么即使在多层神经网络层层堆积的情况下，标准反向传播算法的学习依旧有效？消失梯度问题为什么没有出现？这些问题可以在预训练时解决。我们可以想一想下面这些情况：首先，没有预训练的多层神经网络，由于不合适的反馈误差，各个网络的权重参数无法被正确地修改；换句话说，就是在那些会出现消失梯度问题的多层神经网络中，会有这样的问题。另一方面，一旦完成了预训练，学习过程就会从网络的权重参数几乎已经修改好的地方开始。因此，靠近输入层的那些层可以得到合适的传播误差。因此这个过程的名字叫作精调。这样，通过预训练和精调，最终深度神经网络变成了具有深层表达能力的神经网络。

在随后的章节中，我们将会学习深度学习算法 DBN 和 SDA 的原理和实现。但在此之前，我们再次回顾下深度学习的流程。下图是这个流程的总结图：

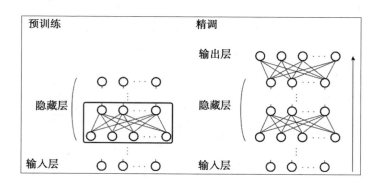

模型的参数会在预训练阶段逐层优化，并在精调阶段作为单个深度神经网络进行调节。深度学习作为 AI 的突破点，是一种非常简单的算法。

3.3 深度学习算法

现在，我们可以了解下深度学习算法的原理和实现了。在本章中，我们将会学习

DBN 和 SDA（以及相关的方法）。这些算法在深度学习开始快速发展的 2012 年至 2013 年间，被广泛地研究，从而奠定了深度学习的发展方向。尽管有两种方法，但正如前章所说，它们的基本流程是一样的，同样包含了预训练和精调的步骤。两者之间的区别在于所应用的预训练不同（即，非监督学习）。

因此，如果深度学习有难点，那就在非监督训练的原理和公式上了。然而，你无需害怕。所有的原理和实现都会一一讲解，因此请仔细阅读下面的内容。

3.3.1　限制玻尔兹曼机

DBN 的逐层训练方法，即预训练，叫作限制玻尔兹曼机（Restricted Boltzmann Machine，RBM）。在开始之前，我们先看看形成 DBN 的基础，RBM。因为 RBM 表示了限制玻尔兹曼机，那么显然会有种方法叫作玻尔兹曼机（Boltzmann Machines，BM）。或者说，玻尔兹曼机是更加标准的形式，限制玻尔兹曼机是其中的特例。这两种方法都属于神经网络，并且都是被 Hinton 教授提出来的。

RBM 和 DBN 的实现并不需要理解玻尔兹曼机的详细原理，但为了理解这些概念，我们将会简单介绍下玻尔兹曼机背后的原理。首先，如下图所示，它展示了玻尔兹曼机的图模型：

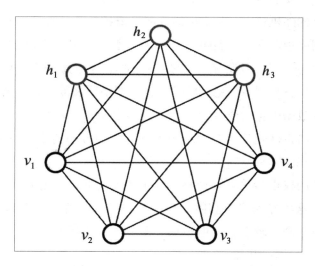

玻尔兹曼机看起来很复杂，这是因为它们是全连接的，但它们实际上仅仅是简单的两层神经网络。为了更好地理解，我们把网络中的神经元重新排列，玻尔兹曼机就如下图所示：

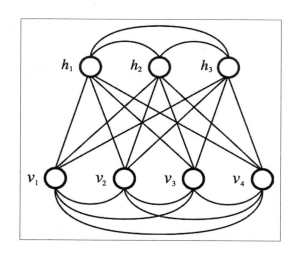

请牢记，一般而言，在玻尔兹曼机和限制玻尔兹曼机（常见的都会使用一个隐藏层）中，输入/输出层叫作可视层，因为网络需要从可观察到的条件中推断出隐含条件（无法观察到的条件）。同时，可视层的神经元叫作可视单元，隐藏层的单元叫作隐单元。前面图中的描述符号与其名字相对应。

如图所示，玻尔兹曼机的结构与标准的神经网络并没有什么不同。但是，它思考的方式具有一个很重要的特性，这个特性就是在神经网络中采用了能量的概念。各个单元都具有其独立的随机状态，整个网络的能量由各个单元所对应的状态所确定。（在网络中第一个采用能量概念的模型叫作 Hopfield 网络，而玻尔兹曼机是其进化的版本。因为 Hopfield 网络与深度学习没有太大的关系，所以本书中并不会详细介绍它）。可以记录正确数据的条件就是网络的稳定状态，也是网络所需能量最小的条件。另一方面，如果提供给网络的数据中包含噪声，各个单元就会有一个不同的状态，但不是一个稳定的状态，因此它的条件是让整个网络向更加稳定的方向转变，换句话说，是为了让它转变到稳定的状态。

这表明了模型的权重参数需要调整，各个单元的状态需要转变，从而使整个网络的能量函数最小。这些操作可以移除噪声，并把输入作为一个整体提取其中的特征。尽管网络的能量听起来比较夸张，但想象起来并不会太困难，因为能量函数的最小化和误差函数的最小化具有相同的效果。

玻尔兹曼机的概念非常棒，但当玻尔兹曼机应用到实际问题上时，却出现了各种问题。玻尔兹曼机最大的问题在于它是全连接的网络，这需要花费大量的计算时间。限制玻尔兹曼机因此而产生。限制玻尔兹曼机这一算法通过对玻尔兹曼机进行限制，可以在现实可行的时间内解决各种问题。正如它是玻尔兹曼机的一种，限制玻尔兹曼机也是基于网络能量的模型。限制玻尔兹曼机的图示如下：

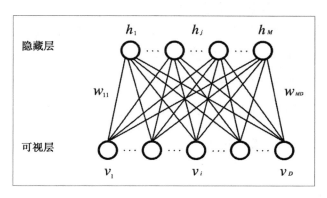

这里，D 是可视层的单元数量，M 是隐藏层的单元数量。v_i 表示可视单元的值，h_i 表示隐藏单元的值，w_{ji} 是两个单元间的权重。如你所见，玻尔兹曼机和限制玻尔兹曼机之间的区别就是限制玻尔兹曼机在同一层不会有连接。因为这一限制，计算量得以减少，并可以应用到实际问题中。

现在，让我们看看原理。

需要注意的是，作为一个先决条件，限制玻尔兹曼机中的各个可视层和隐藏层的值一般为 $\{0, 1\}$，即二值化（玻尔兹曼机亦然）。

如果拓展原理，它也可以处理连续的值。然而，这会让公式变得复杂，而这并不是原理的核心，Hinton 教授提出了原始 DBN 的二值化实现。因此，在本书中也会实现二值化的限制玻尔兹曼机。使用二值化输入的限制玻尔兹曼机有时也叫作伯努利限制玻尔兹曼机（Bernoulli RBM）。

限制玻尔兹曼机是基于能量的模型，可视层与隐藏层的状态可以看作是随机变量。我们会按顺序学习公式。首先，各个可视层单元会通过网络传递到隐藏层单元。同时，各个隐藏层单元根据其生成的概率分布，根据传播输入得到一个二值化的值：

$$p(h_j = 1 \,|\, v) = \sigma\left(\sum_{i=1}^{D} w_{ij}v_i + c_j\right)$$

在这里，c_j 是隐藏层的偏差，σ 表示 sigmoid 函数。

这时，它通过同样的网络从隐藏层反向传播到可视层。和前面的情况一样，各个可视层单元根据概率分布和传播的值得到一个二值化的值。

$$p(v_i = 1 \mid h) = \sigma \left(\sum_{j=1}^{M} w_{ij}h_j + b_i \right)$$

这里，b_i 是可视层的偏差。可视层的这个值期望与原始输入值相匹配。这意味着如果 W，网络的权重作为模型的参数，同时 b、c 作为可视层的偏差，以及表示隐藏层的向量参数，θ，学习 θ 使得 $p(v \mid \theta)$ 接近 v 的分布。

对于这次学习，需要定义其能量函数，即估计函数。能量函数如下所示：

$$E(v,h) = -b^{\mathrm{T}}v - c^{\mathrm{T}}h - h^{\mathrm{T}}Wv = -\sum_{i=1}^{D} b_i v_i - \sum_{j=1}^{M} c_j h_j - \sum_{j=1}^{M}\sum_{i=1}^{D} h_j w_{ij} v_i$$

同时，联合概率密度函数表明了网络的行为可以用下面的公式表示：

$$p(v,h) = \frac{1}{Z}\exp(-E(v,h))$$

$$Z = \sum_{v,h} \exp(-E(v,h))$$

从前面的公式可以看出，训练参数的公式将会是确定的。我们可以得到下面的公式：

$$p(v \mid \theta) = \sum_{h} P(v,h) = \frac{1}{Z} = \sum_{h} \exp(-E(v,h))$$

因此，对数似然值可以表示如下：

$$\ln L(\theta \mid v) = \ln p(v \mid \theta) = \ln \frac{1}{Z} \sum_{h} \exp(-E(v,h))$$

$$= \ln \frac{1}{Z} \sum_{h} \exp(-E(v,h)) - \ln \sum_{v,h} \exp(-E(v,h))$$

然后，我们将按照模型参数计算梯度。导数的计算公式如下：

$$\frac{\partial \ln L(\theta \mid v)}{\partial \theta} = \frac{\partial}{\partial \theta}\left(\ln \sum_{h} \exp(-E(v,h)) \right) - \frac{\partial}{\partial \theta}\left(\ln \sum_{v,h} \exp(-E(v,h)) \right)$$

$$= -\frac{1}{\sum_{h} \exp(-E(v,h))} \sum_{h} \exp(-E(v,h)) \frac{\partial E(v,h)}{\partial \theta}$$

$$= +\frac{1}{\sum_{h} \exp(-E(v,h))} \sum_{v,h} \exp(-E(v,h)) \frac{\partial E(v,h)}{\partial \theta}$$

$$= -\sum_{h} p(h \mid v) \frac{\partial E(v,h)}{\partial \theta} + \sum_{v,h} p(v \mid h) \frac{\partial E(v,h)}{\partial \theta}$$

中间的有些公式比较复杂，但实际上根据模型和原始数据的概率分布是非常简单的。

因此，各个参数的梯度可以用下面的公式表示：

$$\frac{\partial \ln L(\theta \mid v)}{\partial w_{ij}} = \sum_h p(h \mid v) \frac{\partial E(v, h)}{\partial w_{ij}} + \sum_{v,h} p(h \mid v) \frac{\partial E(v, h)}{\partial w_{ij}}$$

$$= \sum_h p(h \mid v) h_j v_i - \sum_v p(v) \sum_h p(h \mid v) h_j v_i$$

$$= p(H_j = 1 \mid v) v_i - \sum_v p(v) p(H_j = 1 \mid v) v_i$$

$$\frac{\partial \ln L(\theta \mid v)}{\partial b_i} = v_i - \sum_v p(v) v_i$$

$$\frac{\partial \ln L(\theta \mid v)}{\partial c_j} = p(H_j = 1 \mid v) - \sum_v p(v) p(H_j = 1 \mid v)$$

那么现在，我们可以看到梯度的公式，但当我们想要应用这个方程时就会出现一个问题。想一想这个 $\sum_v p(v)$。它表明我们需要计算所有 $\{0, 1\}$ 模型之间的概率分布，而这个概率分布模型是我们假定输入数据存在为前提的，但实际上并不存在。

我们可以轻易发觉这个元素会导致组合爆炸，而这表明我们无法在现实可行的时间范围内解决这个问题。为了解决这个问题，我们引入了使用 Gibbs 采样的数据近似方法，叫作对比散度（Contrastive Divergence, CD）。现在我们看下这个方法。

这里，v^0 是输入向量。同时，v^k 是输入（输出）向量，它们可以通过在输入向量上采样 k 次获得。

这样我们就可以得到：

$$h_j^{(k)} \sim p(h_j \mid v^{(k)})$$
$$h_j^{(k+1)} \sim p(v_j \mid h^{(k)})$$

因此，当在使用 Gibbs 采样迭代获取近似 $p(v)$ 后，引出的对数似然函数的导数可以如下表示：

$$\frac{\partial \ln L(\theta \mid v)}{\partial \theta} = - \sum_h p(h \mid v) \frac{\partial E(v, h)}{\partial \theta} + \sum_{v,h} p(v, h) \frac{\partial E(v, h)}{\partial \theta}$$

$$\approx - \sum_h p(h \mid v^{(0)}) \frac{\partial E(v, h)}{\partial \theta} \sum_{v,h} p(h \mid v^{(k)}) \frac{\partial E(v^{(k)}, h)}{\partial \theta}$$

那么，模型的参数可以表示如下：

$$w_{ij}^{(\tau+1)} = w_{ij}^{(\tau)} + \eta (p(H_j = 1 \mid v^{(0)}) v_i^{(0)} - p(H_j = 1 \mid v^k) v_i^k)$$

$$b_i^{(\tau+1)} \; = \; b_i^{(\tau)} \; + \; \eta \, (\, v_i^{(0)} \; - \; v_i^k \,)$$

$$c_j^{(\tau+1)} \; = \; c_j^{(\tau)} \; + \; \eta \, (\, p \, (\, H_j \; = \; 1 \, | \, v^{(0)} \,) \; - \; p \, (\, H_j \; = \; 1 \, | \, v^k \,) \,)$$

其中，τ 是迭代的次数，η 是学习速率。如前面的公式所示，一般来说，采样 k 次的对比散度表示为 CD-k。当应用算法到实际问题时，CD-1 就足够了。

现在，我们来讲解下 RBM 的实现。包的结构如下面的截图所示：

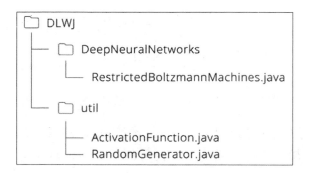

我们看下 RestrictedBoltzmannMachines. java 文件。因为 main 函数的第一部分仅仅是模型所需变量的定义，以及演示数据的生成，我们这里就先忽略它们。

那么，在我们生成模型实例的地方，你可能会发现参数中有很多 null 值：

```
// construct RBM
RestrictedBoltzmannMachines nn = new
RestrictedBoltzmannMachines(nVisible, nHidden, null, null, null,
rng);
```

如果你查看了构造函数，你可能会明白这些 null 值是 RBM 的权重矩阵，隐藏单元的偏差，以及可视单元的偏差。我们在这里把这些参数定义为 null，是因为它们用于 DBN 的实现。

在构造函数中，这些参数按如下方式进行初始化：

```
if (W == null) {

    W = new double[nHidden][nVisible];
    double w_ = 1. / nVisible;

    for (int j = 0; j < nHidden; j++) {
        for (int i = 0; i < nVisible; i++) {
            W[j][i] = uniform(-w_, w_, rng);
        }
```

```
        }
    }

    if (hbias == null) {
        hbias = new double[nHidden];

        for (int j = 0; j < nHidden; j++) {
            hbias[j] = 0.;
        }
    }

    if (vbias == null) {
        vbias = new double[nVisible];

        for (int i = 0; i < nVisible; i++) {
            vbias[i] = 0.;
        }
    }
```

下一步就是训练。对每个 mini-batch 的数据应用 CD-1:

```
// train with contrastive divergence
for (int epoch = 0; epoch < epochs; epoch++) {
    for (int batch = 0; batch < minibatch_N; batch++) {
        nn.contrastiveDivergence(train_X_minibatch[batch],
minibatchSize, learningRate, 1);
    }
    learningRate *= 0.995;
}
```

现在，让我们研究下 RBM 中最本质的一点，就是 contrastiveDivergence 方法。在我们实际运行这个程序时，CD-1 可以得到一个有效解（本例中我们设置 $k = 1$），但这个方法也可以用来处理 CD-k 问题:

```
// CD-k: CD-1用于采样就足够了（即k=1）
sampleHgivenV(X[n], phMean_, phSample_);

for (int step = 0; step < k; step++) {

    // Gibbs sampling
    if (step == 0) {
        gibbsHVH(phSample_, nvMeans_, nvSamples_, nhMeans_,
nhSamples_);
    } else {
        gibbsHVH(nhSamples_, nvMeans_, nvSamples_, nhMeans_,
nhSamples_);
    }
}
```

看起来 CD-k 中的 sampleHgivenV 和 gibbsHVH 是两种不同的方法，但当你仔细观察 gibbsHVH 时，你会发现：

```
public void gibbsHVH(int[] h0Sample, double[] nvMeans, int[]
nvSamples, double[] nhMeans, int[] nhSamples) {
    sampleVgivenH(h0Sample, nvMeans, nvSamples);
    sampleHgivenV(nvSamples, nhMeans, nhSamples);
}
```

因此，CD-k 仅仅包含两种采样的方法，sampleVgivenH 和 sampleHgivenV。

正如方法名字所示，sampleHgivenV 是设置了概率分布，并基于给定的可视单元对隐藏层生成的数据进行采样，而 sampleVgivenH 也是如此：

```
public void sampleHgivenV(int[] v0Sample, double[] mean, int[] sample)
{

    for (int j = 0; j < nHidden; j++) {
        mean[j] = propup(v0Sample, W[j], hbias[j]);
        sample[j] = binomial(1, mean[j], rng);
    }

}
public void sampleVgivenH(int[] h0Sample, double[] mean, int[] sample)
{

    for(int i = 0; i < nVisible; i++) {
        mean[i] = propdown(h0Sample, i, vbias[i]);
        sample[i] = binomial(1, mean[i]., rng);
    }
}
```

propup 和 propdown 方法可以根据输入的值，通过 sigmoid 函数获取各个单元的激活值：

```
public double propup(int[] v, double[] w, double bias) {

    double preActivation = 0.;

    for (int i = 0; i < nVisible; i++) {
        preActivation += w[i] * v[i];
    }
    preActivation += bias;

    return sigmoid(preActivation);
}
```

```
public double propdown(int[] h, int i, double bias) {

    double preActivation = 0.;

    for (int j = 0; j < nHidden; j++) {
        preActivation += W[j][i] * h[j];
    }
    preActivation += bias;

    return sigmoid(preActivation);
}
```

binomial 方法在 RandomGenerator. java 中定义，用于设置一个采样的值。这个方法基于二项分布返回 0 或者 1。通过这个方法，每个单元的值将会变为二值化：

```
public static int binomial(int n, double p, Random rng) {
    if(p < 0 || p > 1) return 0;

    int c = 0;
    double r;

    for(int i=0; i<n; i++) {
        r = rng.nextDouble();
        if (r < p) c++;
    }

    return c;
}
```

通过采样获取到近似值后，我们需要做仅仅就是计算 模型 参数的梯度，并使用 mini-batch 数据进行参数更新。这里没有什么特殊之处：

```
// calculate gradients
for (int j = 0; j < nHidden; j++) {
    for (int i = 0; i < nVisible; i++) {
        grad_W[j][i] += phMean_[j] * X[n][i] - nhMeans_[j] * nvSamples_
[i];
    }

    grad_hbias[j] += phMean_[j] - nhMeans_[j];
}

for (int i = 0; i < nVisible; i++) {
    grad_vbias[i] += X[n][i] - nvSamples_[i];
}
```

```
// update params
for (int j = 0; j < nHidden; j++) {
    for (int i = 0; i < nVisible; i++) {
        W[j][i] += learningRate * grad_W[j][i] / minibatchSize;
    }

    hbias[j] += learningRate * grad_hbias[j] / minibatchSize;
}

for (int i = 0; i < nVisible; i++) {
    vbias[i] += learningRate * grad_vbias[i] / minibatchSize;
}
```

现在我们就完成了 模型 的训练。下面是在常见的样例中进行测试和评估，但请注意，模型无法使用如准确率这样的评测标准进行评价，因为 RBM 是一个生成模型。相反，我们可以在这里简略看下噪声数据是如何被 RBM 改变的。因为训练后的 RBM 可以看作是一个神经网络，其权重参数被调整修改，模型是可以通过简单地把输入数据（即噪声数据）通过网络得到重建的数据：

```
public double[] reconstruct(int[] v) {

    double[] x = new double[nVisible];
    double[] h = new double[nHidden];

    for (int j = 0; j < nHidden; j++) {
        h[j] = propup(v, W[j], hbias[j]);
    }

    for (int i = 0; i < nVisible; i++) {
        double preActivation_ = 0.;

        for (int j = 0; j < nHidden; j++) {
            preActivation_ += W[j][i] * h[j];
        }
        preActivation_ += vbias[i];

        x[i] = sigmoid(preActivation_);
    }

    return x;
}
```

3.3.2 深度信念网络

深度信念网络（Deep Belief Net，DBN）是把逻辑回归添加到 RBM 作为输出层的深度神经网络。因为实现所需的原理已经解释过了，我们可以直接来看实现。包的结构如下所示：

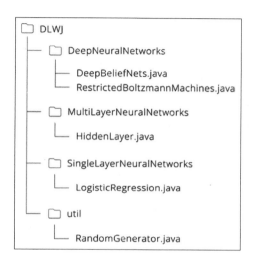

程序的流程非常简单。顺序如下所示：

1. 设置模型的参数。

2. 构建模型。

3. 预训练模型。

4. 模型参数精调。

5. 模型的测试与评估。

和 RBM 一样，设置 main 函数的第一步是声明变量并添加创建演示数据的代码（这里忽略了解释）。请在演示数据中做下检查，输入层的单元数量是 60，隐藏层有 2 层，它们结合单元的数量是 20，输出层的单元数量是 3。现在，我们看下"模型构建"部分的代码：

```
// construct DBN
System.out.print("Building the model...");
DeepBeliefNets classifier = new DeepBeliefNets(nIn, hiddenLayerSizes,
nOut, rng);
Sy

stem.out.println("done.");
```

hiddenLayerSizes 的变量是一个数组，它的长度表示了深度神经网络中隐藏层的数量。各个层都有构造函数构建。深度学习算法会进行大量的计算，因此程序会给出当前状态的输出，这样我们就可以知道正在处理的是什么进程。

 请记住 sigmoidLayers 和 rbmLayers 是不同的对象，但它们的权重和 偏差参数是可
以共享的。

这是因为，正如在原理部分解释的那样，预训练是逐层训练，因而整个模型
可以当作是一个神经网络：

```
// construct multi-layer
for (int i = 0; i < nLayers; i++) {
    int nIn_;
    if (i == 0) nIn_ = nIn;
    else nIn_ = hiddenLayerSizes[i-1];

    // construct hidden layers with sigmoid function
    //    weight matrices and bias vectors will be shared with RBM
layers
    sigmoidLayers[i] = new HiddenLayer(nIn_, hiddenLayerSizes[i], null,
null, rng, "sigmoid");

    // construct RBM layers
    rbmLayers[i] = new RestrictedBoltzmannMachines(nIn_,
hiddenLayerSizes[i], sigmoidLayers[i].W, sigmoidLayers[i].b, null,
rng);
}

// logistic regression layer for output
logisticLayer = new LogisticRegression(hiddenLayerSizes[nLayers-1],
nOut);
```

构建完模型后的第一件事就是预训练：

```
// pre-training the model
System.out.print("Pre-training the model...");
classifier.pretrain(train_X_minibatch, minibatchSize, train_
minibatch_N, pretrainEpochs, pretrainLearningRate, k);
System.out.println("done.");
```

预训练需要逐层处理每个 minibatch 数据。因此，所有的训练数据都会先被 pretrain
方法处理，然后由此生成的 mini-batch 数据才会被这个方法处理：

```
public void pretrain(int[][][] X, int minibatchSize, int minibatch_N,
int epochs, double learningRate, int k) {

    for (int layer = 0; layer < nLayers; layer++) {  // pre-train
```

```
layer-wise
        for (int epoch = 0; epoch < epochs; epoch++) {
            for (int batch = 0; batch < minibatch_N; batch++) {

                int[][] X_ = new int[minibatchSize][nIn];
                int[][] prevLayerX_;

                // Set input data for current layer
                if (layer == 0) {
                    X_ = X[batch];
                } else {

                    prevLayerX_ = X_;
                    X_ = new int[minibatchSize]
[hiddenLayerSizes[layer-1]];

                    for (int i = 0; i < minibatchSize; i++) {
                        X_[i] = sigmoidLayers[layer-1].
outputBinomial(prevLayerX_[i], rng);
                    }
                }

                rbmLayers[layer].contrastiveDivergence(X_,
minibatchSize, learningRate, k);
            }
        }
    }

}
```

因为真正的学习过程是通过 RBM 中的 CD-1 完成，因此代码中的 DBN 描述就非常简单。在 DBN（RBM）中，每个层的单元都是二值化类型，这样就导致 HiddenLayer 的输出方法无法使用，因为它返回的是双精度类型。因此，outputBinomial 方法被添加到类中，它返回的是 int 类型（这里忽略了代码）。一旦完成了预训练，下一步就是模型精调了。

 注意不要再使用预训练时使用过的训练数据。

如果在预训练和精调的过程中使用完整的数据集，得到的模型很可能会过拟合。因此，验证数据集需要和训练数据集分开，单独用于精调过程：

```
// fine-tuning the model
System.out.print("Fine-tuning the model...");
for (int epoch = 0; epoch < finetuneEpochs; epoch++) {
    for (int batch = 0; batch < validation_minibatch_N; batch++) {
```

```
        classifier.finetune(validation_X_minibatch[batch],
        validation_T_minibatch[batch], minibatchSize,
        finetuneLearningRate);
    }
    finetuneLearningRate *= 0.98;
}
System.out.println("done.");
```

在 finetune 方法中，在多层神经网络中的反向传播算法应用到使用了逻辑回归的输出层中。为了在多隐藏层间反向传播单元的值，我们定义了维护各层输入的变量：

```
public void finetune(double[][] X, int[][] T, int minibatchSize,
double learningRate) {

    List<double[][]> layerInputs = new ArrayList<>(nLayers + 1);
    layerInputs.add(X);

    double[][] Z = new double[0][0];
    double[][] dY;

    // forward hidden layers
    for (int layer = 0; layer < nLayers; layer++) {

        double[] x_;  // layer input
        double[][] Z_ = new
        double[minibatchSize][hiddenLayerSizes[layer]];

        for (int n = 0; n < minibatchSize; n++) {

            if (layer == 0) {
                x_ = X[n];
            } else {
                x_ = Z[n];
            }

            Z_[n] = sigmoidLayers[layer].forward(x_);
        }

        Z = Z_.clone();
        layerInputs.add(Z.clone());
    }

    // forward & backward output layer
    dY = logisticLayer.train(Z, T, minibatchSize, learningRate);

    // backward hidden layers
    double[][] Wprev;

double[][] dZ = new double[0][0];

for (int layer = nLayers - 1; layer >= 0; layer--) {
```

```
        if (layer == nLayers - 1) {
            Wprev = logisticLayer.W;
        } else {
            Wprev = sigmoidLayers[layer+1].W;

            dY = dZ.clone();
        }

        dZ = sigmoidLayers[layer].backward(layerInputs.get(layer),
        layerInputs.get(layer+1), dY, Wprev, minibatchSize,
        learningRate);
    }
}
```

DBN 的训练部分就如上面的代码所示。最困难的部分大概是 RBM 的原理和实现，但如果看下 DBN 的代码，可能就会觉得并没有那么的难。

因为训练后的 DBN 可以看作是一个（深度）神经网络，当你尝试预测未知数据属于什么类别时，你仅需要前向传播数据就行：

```
public Integer[] predict(double[] x) {

    double[] z = new double[0];

    for (int layer = 0; layer < nLayers; layer++) {

        double[] x_;

        if (layer == 0) {
            x_ = x;
        } else {
            x_ = z.clone();
        }

        z = sigmoidLayers[layer].forward(x_);
    }

    return logisticLayer.predict(z);
}
```

至于模型评估，并没有什么需要解释的地方，因为它和前面的分类模型并无二致。

恭喜！你现在已经掌握了一个深度学习算法的知识了。你可能会感觉理解起来比预期的要简单。然而，深度学习最困难的地方在于实际参数的设置，比如设置多少层隐藏层、各个隐藏层有多少个单元、学习速率、迭代次数等。相对于机器学习的方法，其需要设置的参数更多。请记住，当面对一个实际问题时，你可能会发现这一点确实很难。

3.3.3　去噪自编码器

SDA 预训练的方法叫作去噪自编码器（Denoising Autoencoders，DA）。可以这么说，DA 这个方法着眼点在于平衡输入和输出的角色。这意味着什么呢？DA 的处理内容是这样的：DA 故意在输入数据中添加噪声，部分破坏数据，然后 DA 通过把损坏的数据恢复到原始输入数据来进行学习。如果输入数据的值是 $[0,1]$，故意添加的噪声就可以很轻易实现，通过把相关部分的值强制变为 0 就可以了。如果数据不在这个范围，它也可以实现，比如，添加高斯噪声。但在本书中，我们考虑了前者 $[0,1]$ 的情况，便于我们理解算法的核心部分。

同理在 DA 中，输入或者输出层叫作可视层。DA 的图解模型可以用 RBM 同样的形状展示，但为了更好地理解，我们可以看看下图：

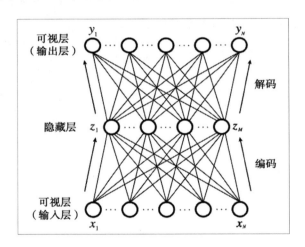

其中，$\tilde{x}$ 是被破坏的数据，即带有噪声的输入数据。然后，向前传播到隐藏层和输出层，其相关公式如下：

$$z_j = \sigma\Big(\sum_{i=1}^{N} w_{ij}\tilde{x}_i + c_j\Big)$$

$$y_i = \sigma\Big(\sum_{j=1}^{M} w_{ji}z_j + b_i\Big)$$

其中，c_j 表示隐藏层的偏差，b_i 表示可视层的偏差。同时，σ 表示 sigmoid 函数。正如在前面的图表所见，损坏的输入数据以及映射到隐藏层的过程叫作编码，映射到将编码数据恢复到原始输入数据的过程叫作解码。然后，DA 估计函数可以用原始输入

数据和解码数据的一个负对数似然函数进行表示:

$$E := -\ln L(\theta) = -\sum_{i=1}^{N} \{x_i \ln y_i + (1 - x_i)\ln(1 - y_i)\}$$

其中，θ 是模型的参数，包括可视层和隐藏层的权重和偏差。我们需要做的就是计算估计函数中这些参数的梯度。为了可以轻松地变形公式，我们定义了下面的函数:

$$h_j := \sum_{i=1}^{N} w_{ji}\tilde{x}_i + c_j$$

$$g_i := \sum_{j=1}^{M} w_{ji}z_j + b_i$$

然后，我们得到:

$$z_j = \sigma(h_j)$$

$$y_i = \sigma(g_i)$$

使用这些方程，一个参数的各个梯度都可以展示如下:

$$\frac{\partial E}{\partial w_{ji}} = \frac{\partial E}{\partial h_j}\frac{\partial h_j}{\partial w_{ji}} + \frac{\partial E}{\partial g_i}\frac{\partial g_i}{\partial w_{ji}} = \frac{\partial E}{\partial h_j}\tilde{x}_i + \frac{\partial E}{\partial g_i}z_j$$

$$\frac{\partial E}{\partial b_i} = \frac{\partial E}{\partial g_i}\frac{\partial g_i}{\partial b_i} = \frac{\partial E}{\partial g_i}$$

$$\frac{\partial E}{\partial c_j} = \frac{\partial E}{\partial h_j}\frac{\partial h_j}{\partial c_j} = \frac{\partial E}{\partial h_j}$$

因此，仅仅需要两个元素。我们可以对它们一个个进行求导:

$$\frac{\partial E}{\partial h_j} = \frac{\partial E}{\partial z_j}\frac{\partial z_j}{\partial h_j} = \frac{\partial E}{\partial z_j}z_j(1 - z_j)$$

其中，我们使用了 sigmoid 函数的求导:

$$\frac{\mathrm{d}}{\mathrm{d}x}\sigma(x) = \sigma(x)(1 - \sigma(x))$$

同时，我们得到:

$$\frac{\partial E}{\partial z_j} = \sum_{i=1}^{N} \frac{\partial E}{\partial y_i}\frac{\partial y_i}{\partial z_j} = \sum_{i=1}^{N} w_{ji}(x_i - y_i)$$

这样，就可以得到剩下的公式:

$$\frac{\partial E}{\partial h_j} = \left(\sum_{i=1}^{N} w_{ji}(x_i - y_i)\right)z_j(1 - z_j)$$

另一方面，我们也可以得到下面的公式:

$$\frac{\partial E}{\partial g_i} = \frac{\partial E}{\partial y_i} \frac{\partial y_i}{\partial g_i} = x_i - y_i$$

因此，各个参数的更新公式将如下所示：

$$w_{ji}^{(k+1)} = w_{ji}^{(k)} + \eta \left[\left(\sum_{i=1}^{N} w_{ji}^{(k)}(x_i - y_i) \right) z_j (1 - z_j) \tilde{x}_i + (x_i - y_i) z_j \right]$$

$$b_i^{(k+1)} = b_i^{k} + \eta (x_i - y_i)$$

$$c_j^{(k+1)} = c_j^{(k)} + \eta \left(\sum_{i=1}^{N} w_{ji}^{(k)}(x_i - y_i) \right) z_j (1 - z_j)$$

其中，k 是迭代的次数，η 是学习速率。尽管 DA 需要一些变形的技巧，不过你可以看到和 RBM 相比，原理本身还是非常简单的。

现在，我们开始实现。包结构和 RBM 的结构类似。

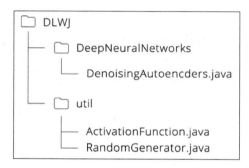

对于 DA 的模型参数，除了隐藏层中的单元数量，输入数据中添加的噪声水平也是一个参数。其中，损坏级别设置为 0.3。一般而言，这个值常设置为 0.1 ~ 0.3：

```
double corruptionLevel = 0.3;
```

构建模型并进行训练的流程和 RBM 一样。尽管训练的方法在 RBM 中叫作 contrastiveDivergence，在 DA 中一般设置为 train：

```java
// construct DA
DenoisingAutoencoders nn = new DenoisingAutoencoders(nVisible,
nHidden, null, null, null, rng);

// train
for (int epoch = 0; epoch < epochs; epoch++) {
    for (int batch = 0; batch < minibatch_N; batch++) {
        nn.train(train_X_minibatch[batch], minibatchSize,
        learningRate, corruptionLevel);
    }
}
```

原理部分解释了 train 的内容。首先，在输入数据中添加噪声，然后编码并解码它：

```
// add noise to original inputs
double[] corruptedInput = getCorruptedInput(X[n], corruptionLevel);

// encode
double[] z = getHiddenValues(corruptedInput);

// decode
double[] y = getReconstructedInput(z);
```

正如前面介绍的那样，添加噪声的处理是强制让对应部分的数据的值变为 0：

```
public double[] getCorruptedInput(double[] x, double corruptionLevel)
{

    double[] corruptedInput = new double[x.length];

    // add masking noise
    for (int i = 0; i < x.length; i++) {
        double rand_ = rng.nextDouble();

        if (rand_ < corruptionLevel) {
            corruptedInput[i] = 0.;
        } else {
            corruptedInput[i] = x[i];
        }
    }

    return corruptedInput;
}
```

其他的处理仅仅是简单地激活和传播，因此我们不会在这里涉及。梯度按照之前介绍的数学公式计算：

```
// calculate gradients

// vbias
double[] v_ = new double[nVisible];

for (int i = 0; i < nVisible; i++) {
    v_[i] = X[n][i] - y[i];
    grad_vbias[i] += v_[i];
}

// hbias
double[] h_ = new double[nHidden];
```

```
for (int j = 0; j < nHidden; j++) {

    for (int i = 0; i < nVisible; i++) {
        h_[j] = W[j][i] * (X[n][i] - y[i]);
    }

    h_[j] *= z[j] * (1 - z[j]);
    grad_hbias[j] += h_[j];
}

// W
for (int j = 0; j < nHidden; j++) {
    for (int i = 0; i < nVisible; i++) {
        grad_W[j][i] += h_[j] * corruptedInput[i] + v_[i] * z[j];
    }
}
```

和 RBM 相比，DA 的实现也非常简单。当测试（重构）模型时，你不需要破坏数据。与标准神经网络类似，你仅需要根据网络的权重前向传播给定的输入即可：

```
public double[] reconstruct(double[] x) {

    double[] z = getHiddenValues(x);
    double[] y = getReconstructedInput(z);

    return y;
}
```

3.3.4　栈式去噪自编码器

栈式去噪自编码器（Stacked Denoising Autoencoders，SDA）是堆叠 DA 层的深度神经网络。与 DBN 包含 RBM 和逻辑回归一样，SDA 包含了 DA 和逻辑回归：

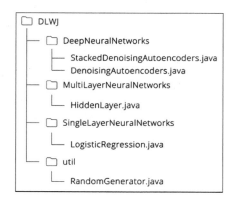

实现的流程与 DBN 和 SDA 并无二致。尽管 RBM 和 DA 在预训练时略有差异，精调的内容是完全一样的。因此，这里无需多言。

预训练的方法并没什么大变化，但请记住这一点，DBN 中使用的 int 类型变为 double 类型，然而 DA 可以处理 [0, 1] 直接的值，而不是二值：

```
public void pretrain(double[][][] X, int minibatchSize, int
minibatch_N, int epochs, double learningRate, double
corruptionLevel) {

    for (int layer = 0; layer < nLayers; layer++) {
        for (int epoch = 0; epoch < epochs; epoch++) {
            for (int batch = 0; batch < minibatch_N; batch++) {

                double[][] X_ = new double[minibatchSize][nIn];
                double[][] prevLayerX_;

                // Set input data for current layer
                if (layer == 0) {
                    X_ = X[batch];
                } else {

                  prevLayerX_ = X_;
                  X_ = new
                  double[minibatchSize][hiddenLayerSizes[layer-1]];

                    for (int i = 0; i < minibatchSize; i++) {
                        X_[i] = sigmoidLayers[layer-
                        1].output(prevLayerX_[i]);
                    }
                }

                daLayers[layer].train(X_, minibatchSize,
                learningRate, corruptionLevel);
            }
        }
    }

}
```

学习后的 predict 方法与 DBN 中的方法一样。考虑到 DBN 和 SDA 在训练后都可以看作是一个多层神经网络（即，预训练和精调），它们大部分的处理自然都是通用的。

总之，SDA 可以比 DBN 更加简单地实现，但获取到的精度几乎一样，这就是 SDA 的价值。

3.4 小结

在本章中，我们回顾了早期神经网络算法的问题，以及深度学习的突破之处。同时，也了解了 DBN 和 SDA 的原理和实现，算法是深度学习蓬勃发展的动力，还包括了 RBM 和 DA 使用的不同的方法。

在下一章中，我们将会看到更多的深度学习算法。它们采用不同的方法来获得更高的准确率，各自都得到了良好的发展。

第 4 章

dropout 和卷积神经网络

在本章中，我们将继续学习深度学习算法。DBN 和 SDA 中采用的预训练方法确实是一个创新的方法，但深度学习也还有其他的创新之处。在这些方法中，我们将领略非常杰出的算法细节，包括：

- dropout 学习算法。
- 卷积神经网络。

这两种算法对于理解和掌握深度学习算法很有必要，所以请确保你能跟上节奏。

4.1 没有预训练的深度学习算法

在前面的章节中，我们知道了对于 DBN 和 SDA 使用逐层训练这样的预训练方法是个突破。这些算法需要预训练的原因在于输出的误差会逐渐消失，而且在简单堆叠层的神经网络上并没有效果（我们称其为消失梯度问题）。你可能会认为，深度学习算法需要预训练，无论你是想要提高现有方法，还是想重新改进它。

然而，实际上，本章中的深度学习算法不会有预训练阶段，虽然在深度学习中没有预训练，我们也可以得到更高精度的结果。这怎么可能呢？下面可以简单介绍下。我们先想想为什么消失梯度问题会出现——还记得反向传播 公式吗？一层中的一个 delta 会通过网络反向传播到前面一层中的所有单元中。这表明在网络中所有的单元都是密集连接在一起的，反向传播到各个单元的误差值就会变得很小。正如反向传播公式所示，梯度的权重是所有单元的权重和 delta 的乘积得到的。因此，网络的单元越多，网络的结构越密集，向下溢出的可能性也就越高。这就导致了消失梯度问题。

因此，我们可以说，如果前面这些问题在没有预训练的情况下可以避免，那么需要机器恰当地学习深度神经网络。为了达到这个目的，我们需要安排网络的连接方式。本章中的深度学习算法通过使用不同的方法把这个想法付诸实践。

4.2 dropout

如果网络的问题在于连接过于密集，那么就强制让它稀疏。如此一来，消失梯度问题就不会再出现，学习过程也可以很好地完成。基于这种想法的算法就是 dropout 算法。深度神经网络中的 dropout 在文献 "Improving neural networks by preventing co adaptation of feature detectors" （Hinton 等人，2012，http://arxiv.org/pdf/1207.0580.pdf） 中被引入，并在 Dropout："A Simple Way to Prevent Neural Networks from Overfitting"（Srivastava 等人，2014，http://www.cs.toronto.edu/ ~ hinton/absps/JMLRdropout.pdf） 改进。在 dropout 中，从字面意思看，有些单元在训练时被强制丢弃。这意味着什么？让我们看看下面的图片。首先是神经网络。

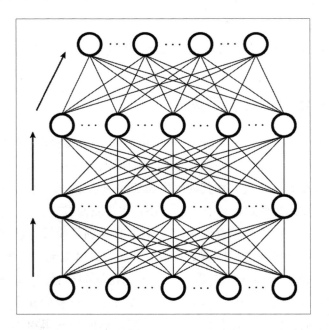

在上图中并没有什么特别之处。它是一个标准的神经网络，有一个输入层、两个隐藏层和一个输出层。那么，对这个网络使用 dropout 后的图模型可以用下图表示：

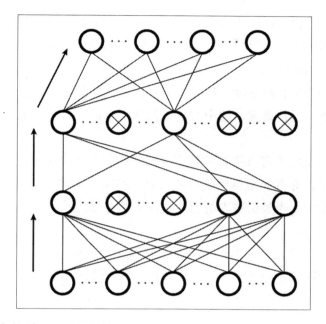

从网络中丢弃的单元用叉号表示。正如你在上图所见，丢弃的单元在网络中可以看作是不存在的。这表明，在引用 dropout 学习算法时，我们需要修改原始的神经网络结构。比较好的一点是，在网络中应用 dropout 从计算角度看并不困难。你可以先简单建立一个一般的深度神经网络。然后仅需要添加一个 dropout 蒙版（一个简单的二值蒙版）到每一层的所有单元中就可以应用 dropout 学习算法。在二值蒙版中为 0 的单元就是那些要从网络中丢弃的单元。

这可能会让你想到前面章节讨论的 DA（或者 SDA），因为 DA 和 dropout 乍一看非常像。在 DA 中损坏输入数据，在实现时也是添加了二值蒙版。然而，它们之间有两个明显的不同。首先，两种方法都有对神经元添加的操作，但 DA 是在输入层添加的，而 dropout 是在隐藏层添加蒙版。有些 dropout 算法对输入层和隐藏层都使用蒙版，但这与 DA 不同。其次，在 DA 中，一旦生成了损坏的数据，这些数据就会在整个训练过程中一直使用，但在 dropout 中，在不同的训练阶段会使用不同蒙版的数据。这就表明在每次迭代时会训练一个不同结构的神经网络。dropout 蒙版会根据 dropout 的概率在每次迭代时对每一层都重新生成。

你可能会心生疑问——如果网络在每一步的结构都不同，我们是否可以训练这个模型呢？答案是肯定的。你可以这么想——dropout 可以让网络训练得更好，因为它让那些已经存在的、可以反映输入数据特征的神经元有更多的权重。然而，dropout 有一个缺点，那就是，它比其他算法需要更多的训练次数才能完成模型的训练和优化，这意味着优化它需要更多的时间。另一个要介绍的方法就是为了缓解这个问题。尽管 dropout 算法本身发明得非常早，但对于深度神经网络来说，仅仅通过这个方法还不足以使模型泛化，并获得高精准度。通过加入让网络更加稀疏的方法，我们就可以让深度神经网络得到更高的精确度。这个方法是激活函数的改进，我们可以说它是个简单却优雅的方法。

到目前为止涉及的所有方法都使用了 sigmoid 函数或者双曲正切函数作为激活函数。使用这些方法，你可能会得到很好的结果。然而，正如它们的形状所示，这些曲线会对梯度产生影响，当某层输入的值或者误差值非常大或者非常小时，梯度可能会过饱和或者消失。

要介绍的可以解决这一问题的一个激活函数是 rectifier。应用到各单元的 rectifier 叫作 ReLU（Rectified Linear Unit）。这个函数可以用下面的公式描述：

$$f(x) = \max(0,x) = \begin{cases} x & (x \geqslant 0) \\ 0 & (x < 0) \end{cases}$$

这个函数可以用下图表示：

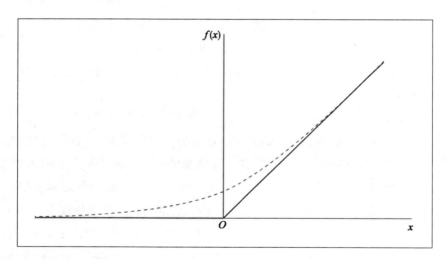

图中的虚线表示的是叫作 softplus 的函数，它的导数是逻辑函数，可以表示为：

$$softplus(x) = in(1 + \exp(x))$$

下面的内容仅供参考：对于 rectifier 的平缓近似我们可以得出下面的关系。如上图所见，因为 rectifier 比 sigmoid 函数和双曲正切函数都要简单得多，不难看出把它应用到深度学习中时，时间花费会减少。而且，因为 rectifier 的导数（用于计算反向传播误差）也非常简单，这样我们就可以额外减少时间花费。导数的公式可以表示为：

$$f'(x) = \begin{cases} 1 & (x \geq 0) \\ 0 & (x < 0) \end{cases}$$

因为 rectifier 和它的导数都非常稀疏，我们可以轻易地想到神经网络在训练时也会非常稀疏。你可能也发现了我们无须再担心梯度饱和问题，因为不会再出现 sigmoid 函数和双曲正切函数那样的曲线。

有了 dropout 和 rectifier 这两种技术，一个简单的深度神经网络不需要预训练就可以有效学习了。至于用来实现 dropout 算法的公式，它们并不困难，因为仅仅是在多层感知器上添加 dropout 的蒙版。我们依次看下这些公式：

$$Z_j = h\left(\sum_i w_{ji}x_i + b_j\right)$$

其中，$h(\cdot)$ 表示激活函数，在这个例子中就是 rectifier。你可以看到，前面的公式是处理那些没有 dropout 的隐藏层单元的。dropout 所做的就是在这些单元上添加蒙版。这个操作可以用下面的公式表示：

$$Z_j = h\left(\sum_i w_{ji}x_i + b_j\right)m_j$$

$$m_j \sim \text{Bernoulli}(1-p)$$

其中，P 表示 dropout 的概率，一般会设置为 0.5。对于前向激活来说就这么多内容。正如你从公式中看到的，二值蒙版的元素是和常见神经网络的唯一不同之处。此外，在反向传播中，我们也需要在 delta 上添加蒙版。假设我们有下面的公式：

$$a_j = \sum_j w_{ji}x_i + b_j$$

有了这个公式，我们可以定义 delta：

$$\delta_j := \frac{\partial E_n}{\partial a_j} = \sum_k \frac{\partial E_n}{\partial a_k}\frac{\partial a_k}{\partial a_j}$$

其中，E_n 表示估计函数（这些公式和我们在第 2 章中提到的一样）。我们可以得到下面的公式：

$$a_k = \sum_j w_{kj}z_j + c_k = \sum_j w_{kj}h(a_j)m_j + c_k$$

其中，delta 可以表示为：

$$\delta_j = h'(a_j)m_j\sum_k \delta_k w_{kj}$$

现在我们就得到了实现的所有必要公式，接下来深入了解下实现。包的结构如下：

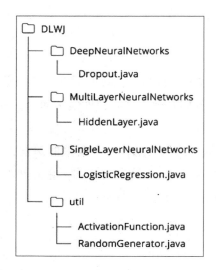

首先，我们需要有一个 rectifier。与其他激活函数一样，我们在 Activation-Function. java 中实现 ReLU：

```java
public static double ReLU(double x) {
    if(x > 0) {
        return x;
    } else {
        return 0.;
    }
}
```

同时，我们也定义 rectifier 的导数 dReLU：

```java
public static double dReLU(double y) {
    if(y > 0) {
        return 1.;
    } else {
        return 0.;
    }
}
```

相应地，我们更新了 HiddenLayer. java 的构造函数，以支持 ReLU：

```java
if (activation == "sigmoid" || activation == null) {

    this.activation = (double x) -> sigmoid(x);
    this.dactivation = (double x) -> dsigmoid(x);
```

```
} else if (activation == "tanh") {

  this.activation = (double x) -> tanh(x);
  this.dactivation = (double x) -> dtanh(x);

} else if (activation == "ReLU") {

  this.activation = (double x) -> ReLU(x);
  this.dactivation = (double x) -> dReLU(x);

} else {
  throw new IllegalArgumentException("activation function not
supported");
}
```

现在我们看下 Dropout. java。在源代码中，我们将会构建一个有两层隐藏层的神经网络，dropout 的概率设置为 0.5：

```
int[] hiddenLayerSizes = {100, 80};
double pDropout = 0.5;
```

Dropout. java 的构造函数可以按如下所写（因为网络仅是一个简单的深度神经网络，所以代码也会简单）：

```
public Dropout(int nIn, int[] hiddenLayerSizes, int nOut, Random rng,
String activation) {

  if (rng == null) rng = new Random(1234);

  if (activation == null) activation = "ReLU";

  this.nIn = nIn;
  this.hiddenLayerSizes = hiddenLayerSizes;
  this.nOut = nOut;
  this.nLayers = hiddenLayerSizes.length;
  this.hiddenLayers = new HiddenLayer[nLayers];
  this.rng = rng;

  // construct multi-layer
  for (int i = 0; i < nLayers; i++) {
    int nIn_;
    if (i == 0) nIn_ = nIn;
    else nIn_ = hiddenLayerSizes[i - 1];

    // construct hidden layer
    hiddenLayers[i] = new HiddenLayer(nIn_,
```

```
        hiddenLayerSizes[i], null, null, rng, activation);
    }

    // construct logistic layer
    logisticLayer = new LogisticRegression(hiddenLayerSizes[nLayers -
1], nOut);
}
```

正如解释所说，现在我们有了 ReLU 支持的 HiddenLayer 类，我们可以使用 ReLU 作为激活函数。

一旦模型建好后，接下来要做的就是使用 dropout 训练模型。训练的方法简称为 train。因为我们在计算反向传播误差时需要一些层的输入，我们首先定义了变量 layerInputs 缓存它们对应的输入值：

```
List<double[][]> layerInputs = new ArrayList<>(nLayers+1);
layerInputs.add(X);
```

其中，X 是原始的训练数据。我们也需要缓存反向传播的各层的 dropout 蒙版，因此我们把它定义为 dropoutMasks：

```
List<int[][]> dropoutMasks = new ArrayList<>(nLayers);
```

训练以前向激活的方式开始。注意看下我们是如何在这些值上应用 dropout 蒙版的；我们仅仅把激活的值和二值蒙版相乘：

```
// forward hidden layers
for (int layer = 0; layer < nLayers; layer++) {

    double[] x_;  // layer input
    double[][] Z_ = new
    double[minibatchSize][hiddenLayerSizes[layer]];
    int[][] mask_ = new
    int[minibatchSize][hiddenLayerSizes[layer]];

    for (int n = 0; n < minibatchSize; n++) {

        if (layer == 0) {
            x_ = X[n];
        } else {
            x_ = Z[n];
        }

        Z_[n] = hiddenLayers[layer].forward(x_);
```

```
        mask_[n] = dropout(Z_[n], pDrouput);  // apply dropout mask
        to units
    }

    Z = Z_;
    layerInputs.add(Z.clone());

    dropoutMasks.add(mask_);
}
```

dropout 方法也在 Dropout. java 中定义。正如在公式中解释的，这个方法返回的值遵循伯努利分布：

```
public int[] dropout(double[] z, double p) {

    int size = z.length;
    int[] mask = new int[size];

    for (int i = 0; i < size; i++) {
        mask[i] = binomial(1, 1 - p, rng);
        z[i] *= mask[i]; // apply mask
    }

    return mask;
}
```

在前向反馈通过隐藏层后，训练数据会前向传播到逻辑回归的输出层。然后，和其他神经网络算法一样，各层的 delta 会反向通过网络。其中，我们对 delta 应用了缓存蒙版，所以它的值会在同一个网络中反向传播：

```
// forward & backward output layer
D = logisticLayer.train(Z, T, minibatchSize, learningRate);

// backward hidden layers
for (int layer = nLayers - 1; layer >= 0; layer--) {

    double[][] Wprev_;

    if (layer == nLayers - 1) {
        Wprev_ = logisticLayer.W;
    } else {
        Wprev_ = hiddenLayers[layer+1].W;
    }

    // apply mask to delta as well
```

```
for (int n = 0; n < minibatchSize; n++) {
    int[] mask_ = dropoutMasks.get(layer)[n];

    for (int j = 0; j < D[n].length; j++) {
        D[n][j] *= mask_[j];

    }
}

D = hiddenLayers[layer].backward(layerInputs.get(layer),
layerInputs.get(layer+1), D, Wprev_, minibatchSize,
learningRate);
}
```

训练之后的阶段就是测试。但在我们对调整后的模型输入测试数据之前，我们需要配置网络的权重。dropout 蒙版不能简单地应用到测试数据上，因为蒙版会让各个网络的结构不同，而这可能会导致出现不同的结果，因为某个单元可能对某个特征有明显的影响。与此相对，我们要做的就是平滑网络的权重，这意味着我们把网络模拟为所有的单元都同样受到蒙版影响。使用下面的公式可以完成这个操作：

$$W_{\text{test}} = (1 - p)W$$

正如公式所示，所有的权重都被非 dropout 的概率相乘。我们把这个方法定义为 pretest：

```
public void pretest(double pDropout) {

    for (int layer = 0; layer < nLayers; layer++) {

        int nIn_, nOut_;

        if (layer == 0) {
            nIn_ = nIn;
        } else {
            nIn_ = hiddenLayerSizes[layer];
        }

        if (layer == nLayers - 1) {
            nOut_ = nOut;
        } else {
            nOut_ = hiddenLayerSizes[layer+1];
        }

        for (int j = 0; j < nOut_; j++) {
            for (int i = 0; i < nIn_; i++) {
                hiddenLayers[layer].W[j][i] *= 1 - pDropout;
            }
        }
    }
}
```

我们需要在测试之前调用一次这个方法。因为网络是一个常见的多层神经网络，对于预测我们需要做的就是在网络上进行前向激活：

```
public Integer[] predict(double[] x) {

    double[] z = new double[0];

    for (int layer = 0; layer < nLayers; layer++) {

        double[] x_;

        if (layer == 0) {
            x_ = x;
        } else {
            x_ = z.clone();
        }

        z = hiddenLayers[layer].forward(x_);
    }

    return logisticLayer.predict(z);
}
```

与 DBN 和 SDA 相比，dropout MLP 更加易于实现。而且如果混合使用两个或者多个技术，我们可能会得到更高的准确率。

4.3　卷积神经网络

你所学到的所有的机器学习/深度学习算法都暗含输入数据的维度是一维。然而，当你看到现实中的应用时，数据并非总是一维的。一个典型的情况就是图像。尽管从实现角度看，我们依然可以把二维（或者更高维度）的数据转换为一维的数组，但如果我们可以构建一个直接处理二维数据的模型是否会更好一些。而且，数据中内嵌的一些信息，比如位置关系，可能会在转换为一维时丢失。

为了解决这个问题，我们提出了卷积神经网络（Convolutional Neural Networks，CNN）算法。在 CNN 中，特征通过卷积层和池化层（后续会介绍）从输入的二维数据中提取，然而这些特征会输入到常见的多层感知器中。MLP 的这个预处理是从人类视觉区域获得的灵感，可以描述为：

- 把输入数据分成多个域。这个过程与人类的感受域一样。

- 从感受域中提取特征，比如边缘和位置色差信息。

有了这些特征，MLP 就可以根据它们对数据分类。

CNN 的图模型与其他神经网络不太一样。下面是 CNN 的一个概括样例：

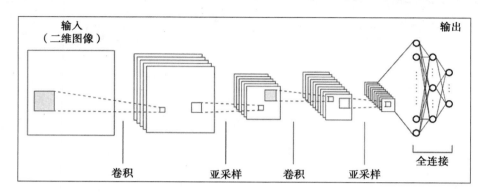

仅凭上图可能无法完全理解 CNN 是什么。而且，你可能会觉得 CNN 相对更加复杂，难以理解。但你完全无须担心这个问题。CNN 的图模型很复杂是事实，而且拥有陌生的术语，如卷积和池化，这些你在其他的深度学习算法中都没有听到过。然而，当你一步步地了解这个模型时，会发现并没有什么难以理解。CNN 包含了几种类型的层，专门用于图像识别。下文会逐步介绍各层。在上面的示意图中，网络中有两个卷积和池化（亚采样）层和一个全连接多层感知器。首先来看看卷积层。

4.3.1 卷积

从语义来看，卷积层就是做卷积运算，在图像上应用几种滤波来提取特征。这些滤波叫作核，卷积得到的图像叫作特征图。我们看看下面的图像（分解为彩色值）和核：

图像				
1	0	0	1	1
0	1	1	1	0
1	1	1	0	1
0	1	0	1	1
1	0	0	1	1

核		
1	0	1
0	1	0
1	0	1

有了这些，卷积所做的事情如下图所示：

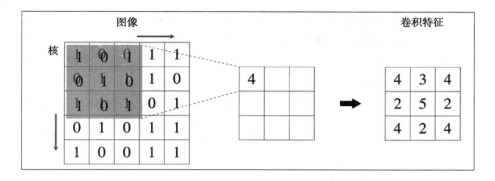

这个核会在图像上滑动，并返回核内值的滤波乘积的和。你可能注意到，通过修改核的值，可以提取不同类型的特征。假设你有下面描述的值的核：

-1	-1	-1
-1	8	-1
-1	-1	-1

0.1	0.1	0.1
0.1	0.1	0.1
0.1	0.1	0.1

你可以看到左边的核提取的是图像的边缘信息，因为它突出了色彩的差异，而右边的核会模糊图像，因为它降低了原来的值。CNN 比较重要的一个特性是在卷积层中，你不需要手动地设置这些核的值。一旦初始化后，CNN 本身将会通过学习算法学到合适的值（这意味着 CNN 训练的参数是核的权重），并可以最终非常准确地对图像分类。

现在，让我们想一下为什么有卷积层（核）的神经网络会有更高的预测准确率。这里的关键在于局部感受野。除了 CNN 之外在大多数的神经网络层中，所有的神经元都是全连接的。这甚至会导致轻微不同的数据，比如，一个像素的并行数据可能在网络中被看成是完全不同的数据，因为这些数据在隐藏层会被传递给不同的神经元，而人可以轻易地理解它们是一样的。对于全连接层，神经网络确实可以识别更加复杂的模式，但与此同时它们缺少泛化的能力和灵活性。相反，你可以看到卷积层的神经元的连接局限于核的尺寸，这使得模型对变换图像更鲁棒。因此，具有局部感受野的神经网络可以在核优化后，获取变换不变性。

每个核都有自己的值，可以从图像中提取各自的特征。请记住特征图的数量与核的数量总是一样的，这意味着如果我们有 20 个核，也会有 20 个特征图，即卷积图像。

这可能会让你困惑，来看另一个例子。给定 1 个灰度的图像和 20 个核，会得到多少特征图呢？答案是 20。这 20 个图像将会传递到下一层，如下图所示：

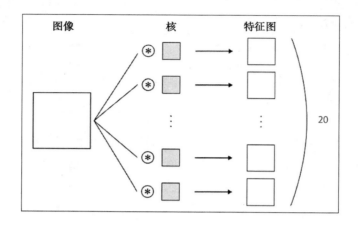

对于这种情况，假设我们有三通道的图像（比如，RGB 图像），核的数量是 20，那么将会有多少特征图呢？答案仍然是 20。但这一次，卷积的过程与灰度一通道图像的卷积过程不同。当图像有多通道时，对各个通道将会采用不同的核。因此，在这种情况下，我们首先将会得到 60 个卷积图，由 3 个通道的 20 个映射图像组成。然后，所有从原始图像卷积得到的图像组成一个特征图。结果就是，我们得到 20 个特征图。换句话说，图像分解成不同通道的数据，使用核卷积，然后再合并为混合通道的图像。你可以轻易联想到前面图中的流程，在对多通道图像使用核来分解图像时，会使用相同的核处理。这个流程如下图所示：

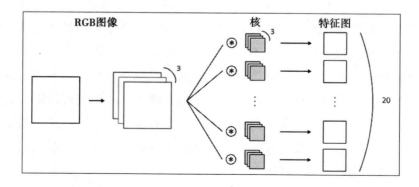

计算上，核的数量使用权重张量的维度表示。后面你将会看到如何实现。

4.3.2 池化

池化层与卷积层相比，所做的就非常简单了。事实上池化层自身并不会训练或者学习，而仅把卷积层传播过来的图像进行下采样。为什么我们要做下采样呢？你可能会认为这样会失去数据中的一些重要信息。但在这里，与卷积层一起，这个操作对于让网络保持变换不变性是必需的。

下采样的方法有很多，但其中最流行的是最大池化，如下图所示：

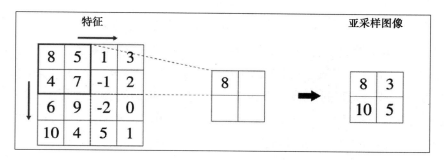

在最大池化层，输入图像被分成互不相交的子数据，各个数据的最大值作为输出结果。这一过程不仅保留了变换不变性，也减少了上层的处理。有了卷积和池化，CNN 可以从输入中获取鲁棒的特征。

4.3.3 公式和实现

现在我们知道了卷积和最大池化的内容，那我们就使用公式来描述整个模型吧。我们将使用公式来表示下面的卷积示意图：

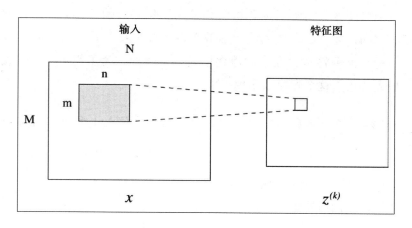

如图所示，如果我们的图像大小是 $M \times N$，核大小是 $m \times n$，那么卷积可以表示为：

$$z_{ij}^{(k)} = \sum_{s=0}^{m-1} \sum_{t=0}^{n-1} w_{st}^{(k)} x(i+s)(j+t)$$

其中，w 是核的权重，即模型的参数。记住我们所描述的加和操作都是从 0 开始，不是从 1 开始，在后面的内容中，你会对此有更深的理解。然而，在考虑多卷积层时，公式是不够的，因为它没有来自各通道的信息。幸运的是，这并不是问题，因为可以在核上添加一个参数来实现它。扩展的公式如下：

$$z_{ij}^{(k)} = \sum_{c} \sum_{s=0}^{m-1} \sum_{t=1}^{n-1} w_{st}^{(k,c)} x_{(i+s)(j+t)}^{(c)}$$

其中，c 表示图像的通道。如果核的数量是 K，通道的数量是 C，我们就可以得到 $W \in \mathbf{R}^{K \times C \times m \times n}$。之后可以从公式中看出来卷积图像的大小是 $(M-m+1) \times (N-n+1)$。

在卷积后，所有卷积的值将会被激活函数激活。我们将实现使用 rectifier 的 CNN（这是最近最流行的函数），但你也可以使用 sigmoid 函数、双曲正切函数，或者其他可行的函数。通过激活函数，我们得到：

$$a_{ij}^{(k)} = h(z_{ij}^{(k)} + b^{(k)}) = \max(0, z_{ij}^{(k)} + b^{(k)})$$

其中，b 表示偏差，即另一个模型的参数。你会发现 b 并没有下标 i 和 j，即，$b \in \mathbf{R}^K$，是一维数组。这样，我们就有了卷积层的前向传播的值。

接下来是最大池化层。传播过程可以简写成下面的公式：

$$y_{ij}^{(k)} = \max(a_{(l_1 i+s)(l_2 j+t)}^{(k)})$$

其中，l_1 和 l_2 是池化滤波的大小，$s \in [0, l_1]$，$t \in [0, l_2]$。一般而言，l_1 和 l_2 设置为一个相同的值，取值范围为 2～4。

对于这两个层而言，倾向于按卷积层和最大池化层的顺序排列，但你并不需要遵守这个规则。比如，你可以在最大池化前放置两个卷积层。我们通常在卷积层后放置激活函数，但有时也可将其放在最大池化层后面。然而，为了简单，我们按卷积层—激活函数—最大池化层这个顺序来实现 CNN。

 尽管核的权重将会从数据中学习到，网络结构、核大小和池化的大小则是所有参数。

简单的 MLP 会放在卷积层和最大池化层来对数据进行分类。其中，因为 MLP 仅支持处理一维数据，我们需要把下采样的数据进行预处理，以适应 MLP 的输入层。特征的提取是在 MLP 前完成，因此把数据格式化为一维数据并不是问题。这样，CNN 在模型优化完后就可以分类图像数据了。与其他神经网络一样，为了完成优化的目的，CNN 也使用反向传播算法来训练模型。这里就不涉及 MLP 的公式了。

MLP 输入层的误差反向传播到最大池化层，这次并不会把数据变换为二维来适应模型。因为最大池化层并没有模型的参数，它仅仅把误差反向传播到前面的层。它们的公式如下所示：

$$\frac{\partial E}{\partial a^{(k)}_{(l_1 i + s)(l_2 j + t)}} = \begin{cases} \dfrac{\partial E}{\partial y^{(k)}_{ij}} & (y^{(k)}_{ij} = a^{(k)}_{(l_1 i + s)(l_2 j + t)}) \\ 0 \end{cases}$$

其中，E 表示估计函数。这个误差接着会被反向传播到卷积层，有了它我们就可以计算权重和偏差的梯度。因为偏差的激活在反向传播中发生在卷积之前，我们先看下偏差的梯度，如下所示：

$$\frac{\partial E}{\partial b^{(k)}} = \sum_{i=0}^{M-m} \sum_{j=0}^{N-m} \frac{\partial E}{\partial a^{(k)}_{ij}} \frac{\partial a^{(k)}_{ij}}{\partial b^{(k)}}$$

为了处理这个公式，我们定义如下公式：

$$\delta^{(k)}_{ij} := \frac{\partial E}{\partial a^{(k)}_{ij}}$$

我们同时也定义：

$$c^{(k)}_{ij} := z^{(k)}_{ij} + b^{(k)}$$

有了这些公式，我们就可以得到：

$$\frac{\partial E}{\partial b^{(k)}} = \sum_{i=0}^{M-m} \sum_{j=0}^{N-m} \delta^{(k)}_{ij} \frac{\partial a^{(k)}_{ij}}{\partial c^{(k)}_{ij}} \frac{\partial c^{(k)}_{j}}{\partial b_{(k)}} = \sum_{i=0}^{M-m} \sum_{j=0}^{N-n} \delta^{(k)}_{ij} h'(c^{(k)}_{ij})$$

同样我们可以计算权重（核）的梯度：

$$\frac{\partial E}{\partial w^{(k,c)}_{st}} = \sum_{i=0}^{M-m} \sum_{j=0}^{N-n} \frac{\partial E}{\partial z^{(k)}_{ij}} \frac{\partial z^{(k)}_{ij}}{\partial w^{(k,c)}_{st}} = \sum_{i=0}^{M-m} \sum_{j=0}^{N-n} \frac{\partial E}{\partial z^{(k)}_{ij}} \frac{\partial a^{(k)}_{ij}}{\partial z^{(k)}_{ij}} x^{(c)}_{(i+s)(j+t)}$$

$$= \sum_{i=0}^{M-m} \sum_{j=0}^{N-n} \delta^{(k)}_{ij} h'(c^{(k)}_{ij}) x^{(c)}_{(i+s)(j+t)}$$

这样，我们就可以更新模型的参数了。如果我们仅有一个卷积层和最大池化层，前面的公式就足够了。然而，当我们考虑多卷积层时，我们也需要计算卷积层的误差。可以用下面的公式表示：

$$\frac{\partial E}{\partial w_{ij}^{(c)}} = \sum_k \sum_{s=0}^{m-1} \sum_{t=0}^{n-1} \frac{\partial E}{\partial z_{(i-s)(j-t)}^{(k)}} \frac{\partial z_{(i-s)(j-t)}^{(k)}}{\partial x_{ij}^{(c)}} = \sum_k \sum_{s=0}^{m-1} \sum_{t=0}^{n-1} \frac{\partial E}{\partial z_{(i-s)(j-t)}^{(k)}} w_{st}^{(k,c)}$$

其中，我们可以得到：

$$\frac{\partial E}{\partial z_{ij}^{(c)}} = \frac{\partial E}{\partial a_{ij}^{(k)}} \frac{\partial a_{ij}^{(k)}}{\partial z_{ij}^{(k)}} = \delta_{ij}^{(k)} \frac{\partial a_{ij}^{(k)}}{\partial c_{ij}^{(k)}} \frac{\partial c_{ij}^{(k)}}{\partial z_{ij}^{(k)}} = \delta_{ij}^{(k)} h'(c_{ij}^{(k)})$$

因此，误差可以写成：

$$\frac{\partial E}{\partial X_{ij}^{(c)}} = \sum_k \sum_{s=0}^{m-1} \sum_{t=0}^{n-1} \delta_{(i-s)(j-t)}^{(k)} h'(c_{(i-s)(j-t)}^{(k)}) w_{st}^{(k,c)}$$

在计算它的时候我们需要小心，因为有一定的概率 $i-s<0$ 或者 $j-t<0$，即特征图之间没有元素。为了解决这个问题，需要在它们的左上角的边缘填充零值。然后，公式可以简单看作卷积核在两个坐标轴间翻转。尽管 CNN 的公式可能看起来很复杂，它们仅仅是各个参数的和的累加。

有了前面的公式，现在就可以实现 CNN 了，下面看下如何操作。包的结构如下：

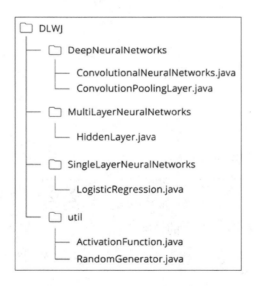

ConvolutionNeuralNetwork. java 用于构建 CNN 的模型，卷积层和最大池化层训练的精确算法、前向传播和反向传播写入在 ConvolutionPoolingLayer. java 中。在演示中，原始图像的大小是 12×12，仅有一个通道：

```java
final int[] imageSize = {12, 12};
final int channel = 1;
```

图像将会在两个 ConvPoolingLayer（卷积层和最大池化层）间传播。第一层核的数量设置为 10，大小为 3×3，第二层核的数量设置为 20，大小为 2×2。池化滤波的大小都设置为 2×2：

```
int[] nKernels = {10, 20};
int[][] kernelSizes = { {3, 3}, {2, 2} };
int[][] poolSizes = { {2, 2}, {2, 2} };
```

在第二层最大池化层后，会得到 20 个特征图，大小为 2×2。这些图接着会变换成 80 个单元，并前向传播到具有 20 个神经元的隐藏层：

```
int nHidden = 20;
```

接着我们创建三种模式的简单演示数据，并添加一点噪声。这里我们略过创建演示数据的代码。下图演示了这些数据。

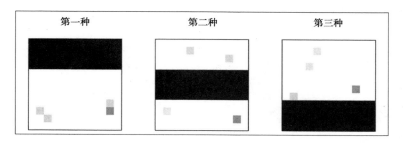

现在构建模型。构造函数与其他深度学习模型相比非常相似，甚至更简单。首先构建多个 ConvolutionPoolingLayers。各层的大小在下面的方法中计算：

```
// construct convolution + pooling layers
for (int i = 0; i < nKernels.length; i++) {
    int[] size_;
    int channel_;

    if (i == 0) {

        size_ = new int[]{imageSize[0], imageSize[1]};
        channel_ = channel;
    } else {
        size_ = new int[]{pooledSizes[i-1][0], pooledSizes[i-
1][1]};
        channel_ = nKernels[i-1];
    }

    convolvedSizes[i] = new int[]{size_[0] - kernelSizes[i][0] + 1,
    size_[1] - kernelSizes[i][1] + 1};
```

```
    pooledSizes[i] = new int[]{convolvedSizes[i][0] /
    poolSizes[i][0], convolvedSizes[i][1] / poolSizes[i][0]};

    convpoolLayers[i] = new ConvolutionPoolingLayer(size_,
    channel_, nKernels[i], kernelSizes[i], poolSizes[i],
    convolvedSizes[i], pooledSizes[i], rng, activation);
}
```

当你看到 ConvolutionPoolingLayer 类的构造函数时，你可以看到核以及偏差是如何定义的：

```
if (W == null) {

    W = new double[nKernel][channel][kernelSize[0]][kernelSize[1]];

    double in_ = channel * kernelSize[0] * kernelSize[1];
    double out_ = nKernel * kernelSize[0] * kernelSize[1] /
    (poolSize[0] * poolSize[1]);
    double w_ = Math.sqrt(6. / (in_ + out_));

    for (int k = 0; k < nKernel; k++) {
        for (int c = 0; c < channel; c++) {
            for (int s = 0; s < kernelSize[0]; s++) {
                for (int t = 0; t < kernelSize[1]; t++) {
                    W[k][c][s][t] = uniform(-w_, w_, rng);
                }
            }
        }
    }
}

if (b == null) b = new double[nKernel];
```

接下来是 MLP 的构建函数。不要忘了在把下采样数据传递到 MLP 时变换为一维：

```
// build MLP
flattenedSize = nKernels[nKernels.length-1] * pooledSizes[pooledSizes.
length-1][0] * pooledSizes[pooledSizes.length-1][1];

// construct hidden layer
hiddenLayer = new HiddenLayer(flattenedSize, nHidden, null, null, rng,
activation);

// construct output layer
logisticLayer = new LogisticRegression(nHidden, nOut);
```

一旦模型构建完成，就需要对它进行训练。在 train 方法中，把所有前向传播的数据缓存起来，这样就可以在反向传播时使用：

```
// cache pre-activated, activated, and downsampled inputs of each
convolution + pooling layer for backpropagation
List<double[][][]> preActivated_X = new ArrayList<>(nKernels.
length);
List<double[][][]> activated_X = new ArrayList<>(nKernels.length);
List<double[][][]> downsampled_X = new ArrayList<>(nKernels.
length+1);  // +1 for input X
downsampled_X.add(X);

for (int i = 0; i < nKernels.length; i++) {
   preActivated_X.add(new
   double[minibatchSize][nKernels[i]][convolvedSizes[i][0]]
   [convolvedSizes[i][1]]);
   activated_X.add(new
   double[minibatchSize][nKernels[i]][convolvedSizes[i][0]]
   [convolvedSizes[i][1]]);
   downsampled_X.add(new
   double[minibatchSize][nKernels[i]][convolvedSizes[i][0]]
   [convolvedSizes[i][1]]);
}
```

preActivated_X 是为卷积特征图而定义的，activated_X 是为激活特征而定义的，downsampled_X 是为下采样特征而定义的。把原始数据放进 downsampled_X 进行缓存。实际的训练是通过卷积和最大池化的前向传播开始的：

```
// forward convolution + pooling layers
double[][][] z_ = X[n].clone();
for (int i = 0; i < nKernels.length; i++) {
   z_ = convpoolLayers[i].forward(z_, preActivated_X.get(i)[n],
   activated_X.get(i)[n]);
   downsampled_X.get(i+1)[n] = z_.clone();
}
```

ConvolutionPoolingLayer 的 forward 方法非常简单，包含 convolve 和 downsample。convolve 函数完成卷积，downsample 完成最大池化操作：

```
public double[][][] forward(double[][][] x, double[][][]
preActivated_X, double[][][] activated_X) {

   double[][][] z = this.convolve(x, preActivated_X, activated_X);
   return  this.downsample(z);
```

preActivated_X 和 activated_X 的值在卷积方法内部设置。你可以看到该方法是按照前面所解释的公式实现：

```
public double[][][] convolve(double[][][] x, double[][][]
preActivated_X, double[][][] activated_X) {
```

```
double[][][] y = new
double[nKernel][convolvedSize[0]][convolvedSize[1]];

for (int k = 0; k < nKernel; k++) {
    for (int i = 0; i < convolvedSize[0]; i++) {
        for(int j = 0; j < convolvedSize[1]; j++) {

            double convolved_ = 0.;

            for (int c = 0; c < channel; c++) {
                for (int s = 0; s < kernelSize[0]; s++) {
                    for (int t = 0; t < kernelSize[1]; t++) {
                        convolved_ += W[k][c][s][t] *
                        x[c][i+s][j+t];
                    }
                }
            }

            // cache pre-activated inputs
            preActivated_X[k][i][j] = convolved_ + b[k];
            activated_X[k][i][j] =
            this.activation.apply(preActivated_X[k][i][j]);
            y[k][i][j] = activated_X[k][i][j];
        }
    }
}

return y;
}
```

downsample 方法也是按照公式实现的:

```
public double[][][] downsample(double[][][] x) {

    double[][][] y = new double[nKernel][pooledSize[0]][pooledSize[1]];

    for (int k = 0; k < nKernel; k++) {
        for (int i = 0; i < pooledSize[0]; i++) {
            for (int j = 0; j < pooledSize[1]; j++) {

                double max_ = 0.;

                for (int s = 0; s < poolSize[0]; s++) {
                    for (int t = 0; t < poolSize[1]; t++) {

                        if (s == 0 && t == 0) {
                            max_ =
```

```
                        x[k][poolSize[0]*i][poolSize[1]*j];
                        continue;
                    }
                    if (max_ <
                    x[k][poolSize[0]*i+s][poolSize[1]*j+t]) {
                        max_ =
                        x[k][poolSize[0]*i+s][poolSize[1]*j+t];
                    }
                }
            }

            y[k][i][j] = max_;
            }
        }
    }

    return y;
}
```

你可能会认为我们在这里犯了一些错误，因为这些方法中有这么多的 for 循环，但实际上这没有错。正如你在 CNN 中看到的那些公式，算法需要很多的循环，因为它有许多参数。这里的代码可以正常工作，但实际上，你可以定义并把内部循环的部分代码移动到其他的方法中。在这里，为了便于理解，我们实现了一个有很多嵌套循环的 CNN，这样就可以把代码和公式做一个对比。现在你可以看到 CNN 需要大量时间才能得到结果。

在对数据下采样后，需要变换数据：

```
// flatten output to make it input for fully connected MLP
double[] x_ = this.flatten(z_);
flattened_X[n] = x_.clone();
```

接着数据被前向传递到隐藏层：

```
// forward hidden layer
Z[n] = hiddenLayer.forward(x_);
```

在输出层中使用的是多类逻辑回归，接着 delta 会被反向传播到隐藏层：

```
// forward & backward output layer
dY = logisticLayer.train(Z, T, minibatchSize, learningRate);

// backward hidden layer
dZ = hiddenLayer.backward(flattened_X, Z, dY, logisticLayer.W,
minibatchSize, learningRate);
```

```
// backpropagate delta to input layer
for (int n = 0; n < minibatchSize; n++) {
    for (int i = 0; i < flattenedSize; i++) {
        for (int j = 0; j < nHidden; j++) {
            dX_flatten[n][i] += hiddenLayer.W[j][i] * dZ[n][j];
        }
    }

    dX[n] = unflatten(dX_flatten[n]);  // unflatten delta
}

// backward convolution + pooling layers
dC = dX.clone();
for (int i = nKernels.length-1; i >= 0; i--) {
    dC = convpoolLayers[i].backward(downsampled_X.get(i),
    preActivated_X.get(i), activated_X.get(i),
    downsampled_X.get(i+1), dC, minibatchSize, learningRate);
}
```

ConvolutionPoolingLayer 中的 backward 方法和 forward 方法相同，也很简单。最大池化层的反向传播写在 upsample 中，卷积的反向传播在 deconvolve 中：

```
public double[][][][] backward(double[][][][] X, double[][][]
[] preActivated_X, double[][][][] activated_X, double[][][]
[] downsampled_X, double[][][][] dY, int minibatchSize, double
learningRate) {

    double[][][][] dZ = this.upsample(activated_X, downsampled_X,
    dY, minibatchSize);
    return this.deconvolve(X, preActivated_X, dZ, minibatchSize,
    learningRate);

}
```

upsample 所做的仅仅是把 delta 传递到卷积层：

```
public double[][][][] upsample(double[][][][] X, double[][][][] Y,
double[][][][] dY, int minibatchSize) {

    double[][][][] dX = new double[minibatchSize][nKernel]
[convolvedSize[0]][convolvedSize[1]];

    for (int n = 0; n < minibatchSize; n++) {

        for (int k = 0; k < nKernel; k++) {
            for (int i = 0; i < pooledSize[0]; i++) {
                for (int j = 0; j < pooledSize[1]; j++) {
```

```
                    for (int s = 0; s < poolSize[0]; s++) {
                        for (int t = 0; t < poolSize[1]; t++) {

                            double d_ = 0.;

                            if (Y[n][k][i][j] == X[n][k]
[poolSize[0]*i+s][poolSize[1]*j+t]) {
                                d_ = dY[n][k][i][j];
                            }

                            dX[n][k][poolSize[0]*i+s][poolSize[1]*j+t]
= d_;
                        }
                    }
                }
            }
        }

    return dX;
}
```

在 deconvolve 中，我们需要更新模型的参数。因为我们使用 mini-batch 对模型训
练，我们首先要计算梯度的和：

```
// calc gradients of W, b
for (int n = 0; n < minibatchSize; n++) {
    for (int k = 0; k < nKernel; k++) {

        for (int i = 0; i < convolvedSize[0]; i++) {
            for (int j = 0; j < convolvedSize[1]; j++) {

                double d_ = dY[n][k][i][j] *
                this.dactivation.apply(Y[n][k][i][j]);

                grad_b[k] += d_;

                for (int c = 0; c < channel; c++) {
                    for (int s = 0; s < kernelSize[0]; s++) {
                        for (int t = 0; t < kernelSize[1]; t++) {
                            grad_W[k][c][s][t] += d_ *
                            X[n][c][i+s][j+t];
                        }
                    }
                }
            }
        }
    }
}
```

接下来，使用这些梯度更新权重和偏差：

```
// update gradients
for (int k = 0; k < nKernel; k++) {
    b[k] -= learningRate * grad_b[k] / minibatchSize;

    for (int c = 0; c < channel; c++) {
        for (int s = 0; s < kernelSize[0]; s++) {
            for(int t = 0; t < kernelSize[1]; t++) {
                W[k][c][s][t] -= learningRate * grad_W[k][c][s][t] /
minibatchSize;
            }
        }
    }
}
```

与其他算法不同，我们在 CNN 中需要分开计算参数和 delta：

```
// calc delta
for (int n = 0; n < minibatchSize; n++) {
    for (int c = 0; c < channel; c++) {
        for (int i = 0; i < imageSize[0]; i++) {
            for (int j = 0; j < imageSize[1]; j++) {

                for (int k = 0; k < nKernel; k++) {
                    for (int s = 0; s < kernelSize[0]; s++) {
                        for (int t = 0; t < kernelSize[1]; t++) {

                            double d_ = 0.;

                            if (i - (kernelSize[0] - 1) - s >= 0 &&
                            j - (kernelSize[1] - 1) - t >= 0) {
                                d_ = dY[n][k][i-(kernelSize[0]-1)-
                                s][j-(kernelSize[1]-1)-t] *
                                this.dactivation.apply(Y[n][k]
                                [i- (kernelSize[0]-1)-s]
                                [j-(kernelSize[1]-1)-t]) *
                                W[k][c][s][t];
                            }

                            dX[n][c][i][j] += d_;
                        }
                    }
                }
            }
        }
    }
}
```

现在我们已经训练完成模型，那么我们开始进入到测试部分。测试或者预测的方法仅进行前向传播，和其他算法类似：

```java
public Integer[] predict(double[][][] x) {

    List<double[][][]> preActivated = new ArrayList<>(nKernels.length);
    List<double[][][]> activated = new ArrayList<>(nKernels.length);

    for (int i = 0; i < nKernels.length; i++) {
        preActivated.add(new
        double[nKernels[i]][convolvedSizes[i][0]]
        [convolvedSizes[i][1]]);
        activated.add(new double[nKernels[i]][convolvedSizes[i][0]]
        [convolvedSizes[i][1]]);
    }

    // forward convolution + pooling layers
    double[][][] z = x.clone();
    for (int i = 0; i < nKernels.length; i++) {
        z = convpoolLayers[i].forward(z, preActivated.get(i),
        activated.get(i));
    }


    // forward MLP
    return logisticLayer.predict(hiddenLayer.forward(this.flatten(z)));
}
```

恭喜！这就是 CNN 的全部内容。现在你可以运行代码，并观察它是怎么工作的。在这里，CNN 的输入数据是二维的，但 CNN 在我们扩展后，也可以输入三维数据。我们可以期望它在医学领域的应用，比如，从 3D 扫描的人脑数据中发现恶性肿瘤。

卷积和池化的处理方法是由 LeCun 等人在 1988 年发明的（http://yann. lecun. com/exdb/publis/pdf/lecun-98. pdf），但正如你从代码所见，它需要很多的计算量。我们可以假设这个方法可能在那时的电脑上并不适合实际应用，更不用说使用更深的网络。CNN 近来逐渐获取关注，是因为计算机的能力和容量的极大发展。但我们依然无法否认这个问题。因此，当我们使用 CNN 处理大量的数据时，看起来更实际会使用 GPU 而不是 CPU。因为优化 GPU 算法的实现非常复杂，我们在这里就不写代码了。但是，在第 5 章和第 7 章中，你将会看到可以使用 GPU 的深度学习库。

4.4　小结

　　在本章中，你已经学到了两个不需要预训练的深度学习算法：使用 dropout 和 CNN 的深度神经网络。获取高精度的关键在于我们如何让网络更加稀疏，dropout 是达到这种目的的方法之一。另一个方法是 rectifier，这个激活函数可以解决 sigmoid 函数和双曲正切函数出现的饱和问题。CNN 是图像识别最流行的算法，有两个特征：卷积和最大池化。这两个方法都可以让模型获取变换不变性。如果你对 dropout、rectifier 和其他激活函数对神经网络性能的影响感兴趣，下面的文献是很好的参考：Deep Sparse Rectifier Neural Networks（Glorot，等人，2011，http://www. jmlr. org/proceedings/papers/v15/glorot11a/glorot11a. pdf），ImageNet Classification with Deep Convolutional Neural Networks（Krizhevsky 等人，2012，https://papers. nips. cc/paper/4824-imagenet-classification-with- deep-convolutional-neural-networks. pdf），以及 Maxout Networks（Goodfellow 等人，2013，http://arxiv. org/pdf/1302. 4389. pdf）。

　　虽然你现在知道了流行有用的深度学习算法，但本书中还有很多算法没有涉及。这个领域的研究日益活跃，越来越多的新算法在出现。但别担心，因为这些算法的基础是一样的：神经网络。一旦你清楚了理解或实现模型的思考方式，你就可以完全理解你所遇到的任何模型。

　　我们已经从零实现了深度学习算法，因此你可以完全理解它们。在下一章中，你将会看到如何使用深度学习库来实现这些算法，更加方便我们研究或应用。

CHAPTER 5

第 **5** 章

探索 Java 深度学习库——
DL4J、ND4J 以及其他

在前面的章节中，你已经学习了深度学习算法的核心原理，并从零实现了它们。虽然现在可以说，深度学习的实现并不是那么困难，但还是无法否认实现模型需要花费一定的时间这一事实。为了缓和这一问题，本章将学习如何使用 Java 的深度学习库编写代码，这样就可以把重心放在数据分析这一重要的部分，而不是其他不重要的部分。

在本章中你将会学到的内容包括：

- Java 深度学习库的介绍。
- 样例代码和使用库自己编写代码的方法。
- 一些优化模型的方法，以得到更高的准确率。

5.1 从零实现与使用库/框架

我们在第 2 章中实现了神经网络的机器学习算法，并在第 3 章和第 4 章中从零实现了许多深度学习算法。当然，我们可以通过一些调整，把自己的代码应用到实际应用中，但必须小心使用，因为我们无法否认它们在将来可能会出现一些问题。这会出现什么问题呢？下面是几种可能的情况：

- 我们写的代码为了更好地优化所以缺少一些参数，因为我们仅仅简单实现了算法的必要部分，以便你能更好地理解概念。不过你依然可以训练和优化模型，通过在自己的实现上添加其他参数来获取更高的精确率。

- 正如在前面章节所说的，在本书中依旧有很多的深度学习算法没有涉及。既然你已经掌握了深度学习算法的核心部分，你可能需要实现其他的类或者方法，在你的领域和应用中获取想要的结果。
- 假定的时间花费将会是应用的一个关键指标，尤其当你希望分析巨量的数据时。Java 比其他流行语言比如 Python 和 R 在速度上有更好的性能，但你依然可能需要考虑时间花费。一个可能的解决方法是使用 GPU 而不是 CPU，但这需要复杂的实现，把代码调整为 GPU 计算。

这些是主要的问题，你可能也会考虑代码中并没有异常处理的情况。

这并不意味着从零实现将会有一些致命的错误。我们所写的代码可以在一定程度上作为某种规模数据的应用；然而，你需要考虑在使用大规模数据挖掘时，是否继续编写已经实现的基础部分，而这一般是深度学习所必需的。这表明你需要记住，从零实现更具有灵活性，因为你可以在需要时修改代码，但同时带来的负面影响是，算法的调优和维护也需要分别处理。

那么，如何解决刚才提到的问题呢？这就是库（或者框架）出现的原因。由于国际上对于深度学习的活跃研究，全世界使用不同的编程语言开发并发布了许多不同的库。当然，各个库都有其他对应的特性，但所有库的通用特性可以总结如下：

- 模型的训练可以仅仅通过定义一个深度学习的层结构。你可以集中精力进行参数设置和调优，而无需关心算法。
- 大多数库都以开源项目的方法对大众开放，并且日常更新活跃。因此，如果有 bug，这个 bug 很可能会很快被修复（当然，也欢迎你亲自修复并提交）。
- 让程序运行在 CPU 或者 GPU 上可以轻松切换。因为在库中会附加实现 GPU 计算难处理的代码，在机器支持 GPU 的情况下，你可以仅集中于实现，而无需考虑 CPU 或者 GPU。

长话短说，当你从零实现一个库时，你可以忽略那些复杂的部分。正因为如此，你可以在必要的数据挖掘部分花费更多的时间，因此如果你想要构建更为实用的应用，使用一个库更有可能让你更加高效地进行数据分析。

然而，对库依赖太多也不好。使用库是很方便，但另一方面，这么做也有缺点，如下所列：

- 因为可以轻松地构建多种深度学习模型，你可以在没有具体理解模型原理的情况下实现。如果我们仅考虑对特定模型的实现，这可能不是一个问题，但是当你使用模型，需要合并或考虑其他方法时，可能会有风险。

- 无法使用库不支持的算法，因此可能会出现你无法选择想要使用的模型的情况。
  这可以通过版本升级解决，但另一方面，以前实现的一些部分可能因为升级变
  为废弃状态。而且，我们也无法否认库的开发会突然终止，或者因为许可证的
  变化，导致使用突然变成收费的情况。在这些情况下，你开发的代码可能无法
  使用。

- 从实验中得到准确率依赖于库的实现。比如，如果我们使用两种不同的库进行
  同一种神经网络的实验，我们得到的结果可能会有巨大的不同。这是因为神经
  网络算法包括了随机操作，而且机器的计算精确度是有限的，即，在过程中计
  算的值可能会随着实现方法的不同而有所波动。

由于前面的章节，我们对深度学习算法的基础概念和原理有了很好的理解，我们
对于第一点无需担心。然而，我们需要对后两点留意。从下一节开始，会引入使用库
的实现，对于我们刚刚讨论的优点和缺点，我们需要有清醒的认识。

5.2　DL4J 和 ND4J 的介绍

全世界已经开发了很多的深度学习库。在 2015 年 11 月，Google 开发的机器学习/
深度学习库 TensorFlow（http://www. tensorflow. org/），对公众开放并获得了广泛的
关注。

当我们看下开发这些库使用的编程语言时，大多数开放的库使用的开发语言是
Python，或者使用 Python API。TensorFlow 底层使用 C ++ 开发，但也可以使用 Python
写代码。本书集中于使用 Java 学习深度学习，因此使用其他语言开发的库将会在第 7
章中简要介绍。

那么，有哪些基于 Java 的库呢？事实上，积极开发的库很少（可能有些项目并未
开放）。然而，实际应用中只有一个库可以使用：Deeplearning4j（DL4J）。该项目的官
方页面地址是 http://deeplearning4j. org/。这个库也是开源的，源代码发布在 Github
上。URL 是 https://github. com/deeplearning4j/deeplearning4j。该 库 是 由 Skymind
（http://www. skymind. io/）开发。这是个什么库呢？如果你查看了项目页面，它的介
绍如下：

"Deeplearning4j 是使用 Java 和 Scala 编写的首个商业级别、开源、分布式的深度学

习库。通过与 Hadoop 和 Spark 的集成，DL4J 被设计用于商业环境，而不仅仅是一个研究工具。Skymind 是其商业支撑。Deeplearning4j 旨在成为嵌入和使用的前沿，多数是默认配置，让非研究者的快速原型化更加方便。DL4J 可按规格改变。基于 Apache 2.0 许可证发布，DL4J 的所有衍生产品属于其作者。"

当你读到这些时，你将会发现 DL4J 的最大特性是根据可以与 Hadoop 集成的前提下进行设计。这表明 DL4J 适合处理大规模数据，比其他库更易扩展。而且，DL4J 支持 GPU 计算，因此处理数据可能更快。

同时，DL4J 在内部使用了一个叫作 Java N 维数组（N-Dimensional Arrays for Java，ND4J）的库。项目页面是 http://nd4j. org/。与 DL4J 相同，这个库也发布在 Github 上作为一个开源的项目：https://github. com/deeplearning4j/nd4j。这个库的开发者与 DL4J 是一样的，都是 Skymind。正如你从库的名字所看到的，这是个科学计算库，可以使我们处理多样的 n 维数组对象。如果你是 Python 开发者，如果想象下 NumPy，可能更易于你的理解，因为 ND4J 就是受 NumPy 启发的库。ND4J 也支持 GPU 计算，这也是 DL4J 可以使用 GPU 集成的原因，因为它内嵌了 ND4J。

使用 GPU 会有什么好处呢？我们简要地看一下。CPU 和 GPU 最大的不同在于核的数量。GPU，如其名所示，是一个图形处理单元，原本是一个图像处理的集成电路。这也是 GPU 可以同时处理相同命令的原因。并行处理是它的特长。另一方面，因为 CPU 需要处理不同的命令，这些任务基本是要按顺序处理。和 CPU 相比，GPU 善于处理大量的简单任务，因此像深度学习的训练迭代这样的计算是它擅长的地方。

ND4J 和 DL4J 对于深度学习的研究和数据挖掘都很有用。从下一章节开始，我们将会看到怎么使用它们进行深度学习的简单样例。你可以轻松理解这些内容，因为你现在应该已经理解了深度学习的核心原理。真心希望你可以在你学习或者工作领域实际应用这些知识。

5.3 使用 ND4J 实现

ND4J 单独在很多情况下就可以很方便地使用，我们在深入解释 DL4J 前，先简单掌握如何使用 ND4J。如果想单独使用 ND4J，一旦创建了一个新的 Maven 项目，通过在 pom. xml 添加下面的代码就可以使用 ND4J 了：

```
<properties>
    <nd4j.version>0.4-rc3.6</nd4j.version>
</properties>

<dependencies>
    <dependency>
        <groupId>org.nd4j</groupId>
        <artifactId>nd4j-jblas</artifactId>
        <version>${nd4j.version}</version>
    </dependency>
    <dependency>
        <groupId>org.nd4j</groupId>
        <artifactId>nd4j-perf</artifactId>
        <version>${nd4j.version}</version>
    </dependency>
</dependencies>
```

其中，<nd4j. version> 描述了 ND4J 的最新版本，但在你实际使用代码时，请检查代码是否更新。同时，在使用 ND4J 时从 CPU 转换到 GPU 很简单。如果你安装了 CUDA 7.0 版本，那么你仅需要如下定义 artifactId 就行：

```
<dependency>
    <groupId>org.nd4j</groupId>
    <artifactId>nd4j-jcublas-7.0</artifactId>
    <version>${nd4j.version}</version>
</dependency>
```

你可以根据自己的配置来替换 <artifactId> 的版本。

我们看下使用 ND4J 进行计算的一个简单的例子。这里使用 ND4J 的类型是 INDArray，即，Array 的扩展类型。我们以引入下面的依赖开始：

```
import org.nd4j.linalg.api.ndarray.INDArray;
import org.nd4j.linalg.factory.Nd4j;
```

接着，定义 INDArray 如下：

```
INDArray x = Nd4j.create(new double[]{1, 2, 3, 4, 5, 6}, new
int[]{3, 2});
System.out.println(x);
```

Nd4j. create 使用两个参数。前者定义了 INDArray 的真实值，后者定义了向量（矩阵）的形状。通过运行这段代码，得到下面的结果：

```
[[1.00,2.00]
 [3.00,4.00]
 [5.00,6.00]]
```

因为 INDArray 可以使用 System. out. print 来输出它的值，调试起来就非常方便。标量的计算也可以轻松完成。在 x 上加 1 如下所示：

```
x.add(1);
```

接着，将会得到下面的输出：

```
[[2.00,3.00]
 [4.00,5.00]
 [6.00,7.00]]
```

同时，与 INDArray 的计算也可以轻松完成，正如下例所示：

```
INDArray y = Nd4j.create(new double[]{6, 5, 4, 3, 2, 1}, new
int[]{3, 2});
```

接下来，基本的算术操作如下所示：

```
x.add(y)
x.sub(y)
x.mul(y)
x.div(y)
```

这些将会返回下面的结果：

```
[[7.00,7.00]
 [7.00,7.00]
 [7.00,7.00]]
[[-5.00,-3.00]
 [-1.00,1.00]
 [3.00,5.00]]
[[6.00,10.00]
 [12.00,12.00]
 [10.00,6.00]]
[[0.17,0.40]
 [0.75,1.33]
 [2.50,6.00]]
```

同时，ND4J 也有破坏性的算法操作。当写下 x. addi(y)命令，x 会修改它自己的值，因此 System. out. println(x)；将会返回下面的结果：

```
[[7.00,7.00]
 [7.00,7.00]
 [7.00,7.00]]
```

同样，subi、muli 和 divi 也是这样的操作。同时也有很多其他很方便的方法对向量或者矩阵进行操作。对于更多的信息，你可以参考 http://nd4j.org/documentation.html，http://nd4j.org/doc/ 和 http://nd4j.org/apidocs/。

让我们看下如何使用 ND4J 编写机器学习算法的另一个例子。我们将会实现最简单的例子，感知器，基于在第 2 章中编写的源代码。我们把包命名为 DLWL.examples.ND4J，文件（类）命名为 Perceptrons.java。

首先，从 ND4J 中引入下面添加的两行：

```java
import org.nd4j.linalg.api.ndarray.INDArray;
import org.nd4j.linalg.factory.Nd4j;
```

模型有两个参数：输入层的数量和权重。前面的部分并不需要修改前面的代码；然而，后面的部分就不是 Array 而是 INDArray：

```java
public int nIn;          // dimensions of input data
public INDArray w;
```

从构造函数中可以看到，因为感知器的权重是用向量表示，行的数量就设置为输入层的单元的数量，列的数量设为 1。这个定义如下所示：

```java
public Perceptrons(int nIn) {

    this.nIn = nIn;
    w = Nd4j.create(new double[nIn], new int[]{nIn, 1});

}
```

然后，因为定义了模型的参数为 INDArray，也把演示数据、训练数据和测试数据定义为 INDArray。你可以在开始的 main 方法中看到这些定义：

```java
INDArray train_X = Nd4j.create(new double[train_N * nIn], new int[]
{train_N, nIn});  // input data for training
INDArray train_T = Nd4j.create(new double[train_N], new int[]{train_N,
1});          // output data (label) for training

INDArray test_X = Nd4j.create(new double[test_N * nIn], new int[]
{test_N, nIn});  // input data for test
INDArray test_T = Nd4j.create(new double[test_N], new int[]{test_N,
1});          // label of inputs
INDArray predicted_T = Nd4j.create(new double[test_N], new int[]
{test_N, 1});      // output data predicted by the model
```

当在 INDArray 中替换一个值时，我们使用 put。请记住使用 put 设置的任何值都仅有 scalar 类型的值：

```
train_X.put(i, 0, Nd4j.scalar(g1.random()));
train_X.put(i, 1, Nd4j.scalar(g2.random()));
train_T.put(i, Nd4j.scalar(1));
```

模型的构建和训练流程与前面代码是一样的：

```
// construct perceptrons
Perceptrons classifier = new Perceptrons(nIn);

// train models
while (true) {
    int classified_ = 0;

    for (int i=0; i < train_N; i++) {
        classified_ += classifier.train(train_X.getRow(i),
        train_T.getRow(i), learningRate);
    }

    if (classified_ == train_N) break;  // when all data classified
    correctly

    epoch++;
    if (epoch > epochs) break;
}
```

每段训练数据通过 getRow（）输入到 train 方法中。首先，让我们看下 train 方法的完整内容：

```
public int train(INDArray x, INDArray t, double learningRate) {

    int classified = 0;

    // check if the data is classified correctly
    double c = x.mmul(w).getDouble(0) * t.getDouble(0);

    // apply steepest descent method if the data is wrongly
    classified
    if (c > 0) {
        classified = 1;
    } else {
        w.addi(x.transpose().mul(t).mul(learningRate));
    }

    return classified;
}
```

我们首先着重看下面的代码：

```
// check if the data is classified correctly
double c = x.mmul(w).getDouble(0) * t.getDouble(0);
```

这部分代码是检查数据是否被感知器正确分类，如下面的公式所示：

$$w^{\mathrm{T}}x_n t_n > 0$$

从代码中可以看出来，.mmul( ) 是用于向量或矩阵的相乘的。在第 2 章中缩写这段计算过程如下：

```
double c = 0.;

// check if the data is classified correctly
for (int i = 0; i < nIn; i++) {
    c += w[i] * x[i] * t;
}
```

通过对比这两段代码，你可以发现向量或矩阵的相乘在 INDArray 中非常容易实现，这样就可以按照公式直接实现算法了。

更新模型参数的公式如下所示：

```
w.addi(x.transpose().mul(t).mul(learningRate));
```

其中，又一次你可以像写一个数学公式一样实现代码。这个公式如下所示：

$$w^{(k+1)} = w^{(k)} + \eta x_n t_n$$

上一次我们实现这部分使用了一个 for 循环：

```
for (int i = 0; i < nIn; i++) {
    w[i] += learningRate * x[i] * t;
}
```

而且，训练后的预测也是标准的前向激活，如下公式所示：

$$y(x) = f(w^{\mathrm{T}}x)$$

其中，

$$f(a) = \begin{cases} +1, a \geqslant 0 \\ -1, a < 0 \end{cases}$$

我们可以仅定义一个 predict 方法，仅用下面一行就可以完成：

```
public int predict(INDArray x) {

    return step(x.mmul(w).getDouble(0));
}
```

在运行程序时，你可以看到它的精密度和准确率、召回率和我们前面代码得到的结果是一样的。

这样就有助于你模拟数学公式对算法进行实现。这里仅实现了感知器，你可以尝试下其他的算法。

5.4 使用 DL4J 实现

ND4J 是让你轻松方便实现深度学习的库。然而，你需要自己实现算法，事实上这与之前的实现并没太多不同。换句话说，ND4J 仅是一个方便数值计算的库，而不是一个对深度学习算法优化的库。让深度学习更易处理的库是 DL4J。幸运的是，对于 DL4J，一些典型算法的样例已经在 Github（https://github.com/deeplearning4j/dl4j - 0.4 - examples）上发布。这些样例是基于 DL4J 的 0.4 - * 版本。当实际下载这个代码仓库时，请检查下是否是最新的版本。这本章节中，我们将会从这些样例程序中选择一些基础的部分来讲解。我们将会在本节中使用 https://github.com/yusugomori/dl4j - 0.4 - examples 中的分支仓库的截图作为参考。

5.4.1 设置

让我们首先为复制的代码仓库进行环境配置。如果使用 IntelliJ，你可以从 File | New | Project 在现有的代码中选择仓库的路径来引入这个项目。接着，选择 Import project from external model，并按下图选择 Maven：

除了点击下一步，你不需要做其他任何特别的操作。请仔细确认 JDK 的支持版本在 1.7 或以上。这可能不会是个问题，因为在前面的章节中使用的版本是 1.8 及以上的。如果设置这个环境没有问题，你可以确认下文件夹的结构是否如下图所示：

在设置好项目后，首先看下 pom. xml。你会发现与 DL4J 相关的包的描述如下所示：

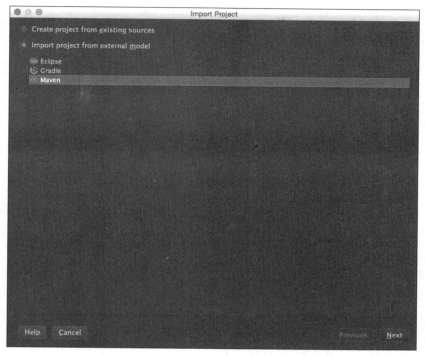

```xml
<dependency>
    <groupId>org.deeplearning4j</groupId>
    <artifactId>deeplearning4j-nlp</artifactId>
    <version>${dl4j.version}</version>
</dependency>

<dependency>
    <groupId>org.deeplearning4j</groupId>
    <artifactId>deeplearning4j-core</artifactId>
    <version>${dl4j.version}</version>
</dependency>
```

同时，可以看到下面几行 DL4J 依赖于 ND4J：

```xml
<dependency>
    <groupId>org.nd4j</groupId>
    <artifactId>nd4j-x86</artifactId>
    <version>${nd4j.version}</version>
</dependency>
```

如果你想在 GPU 上运行程序，需要做的就是修改上面写的那一部分。正如在前面章节所说的，如果你安装了 CUDA 可以这么写：

```xml
<dependency>
    <groupId>org.nd4j</groupId>
    <artifactId>nd4j-jcublas-XXX</artifactId>
    <version>${nd4j.version}</version>
</dependency>
```

其中，xxx 是 CUDA 的版本，依赖于机器的配置。仅仅这么修改就可以使用 GPU 计算非常棒。我们无需做其他特殊的地方，而集中精力在深度学习的实现上。

DL4J 开发和使用的其他特征库是 Canova。它对应的 pom. xml 如下所示：

```xml
<dependency>
    <artifactId>canova-nd4j-image</artifactId>
    <groupId>org.nd4j</groupId>
    <version>${canova.version}</version>
</dependency>
<dependency>
    <artifactId>canova-nd4j-codec</artifactId>
    <groupId>org.nd4j</groupId>
    <version>${canova.version}</version>
</dependency>
```

当然，Canova 也是开源的库，它的源代码可以在 https://github. com/deeplearning4j/

Canova 上看到。正如页面上解释的，Canova 是通过机器学习工具将向量化的原始数据变成可用的向量格式的库。这也让我们更加关注与数据挖掘这一重要部分，因为数据格式无论是在科研还是实验中都是不可或缺的。

5.4.2　构建

让我们看下样例中的源代码，并看下如何构建一个深度学习模型。在这个过程中，那些还没有学过的深度学习概念也会简要的解释。这些模型中实现了多个诸如 MLP、DBN 和 CNN 这样的模型，但有一个问题。正如你在 README. md 中所见，一些方法并无法获取好的准确率。这是因为，正如在前面章节所解释的，一个机器的计算精度是有局限性的，这个过程中计算结果的波动产生与具体的实现方法有很大的关系。因此，在实际中，学习并无法合理完成，尽管原理上讲应该可以完成。你可以得到更好的结果，比如，调整初始值或者修改参数，但更集中于讲解如何使用一个库，我们将会使用得到更高准确率的模型作为样例。

DBNIrisExample. java

首先看下 deepbelief 包下的 DBNIrisExample. java 文件。文件名中包含的 Iris 是一个基准数据集，常用于机器学习算法准确率的评估。这个数据集包含了 150 份数据，共有 3 类，每类包含 50 个样例，每一类代表了一种 Iris 植物。输入的个数是 4，输出的个数自然是 3。一个类可以与另两类线性可分；剩下的两类互相线性不可分。

实现是从设置配置开始。下面是需要设置的变量：

```
final int numRows = 4;
final int numColumns = 1;
int outputNum = 3;
int numSamples = 150;
int batchSize = 150;
int iterations = 5;
int splitTrainNum = (int) (batchSize * .8);
int seed = 123;
int listenerFreq = 1;
```

在 DL4J 中，输入的数据可以是二维数据，因此需要分配数据的行和列的数量。因为 Iris 是一维数据，numColumns 设置为 1。其中 numSamples 是数据总数，batchSize 是各个 mini-batch 的数据量。因为数据总数是 150，相对较小，batchSize 也设置为同样的值。这表明学习过程不需要把数据分到 mini-batch 中。splitTrainNum 是确定训练数据和测试数据分配的变量。这里，所有数据的 80% 是训练数据，20% 是测试数据。在前面的章节中，listenerFreq 决定了学习过程中我们看到日志中损失函数值的频次。这里设置为 1，表明这个值在每次迭代后都会被日志记录下来。

接下来，需要下载数据集。在 DL4J 中，提供了一个类，可以用于轻松获取这些典型的数据集，比如 Iris、MINST 和 LFW。因此，如果你想要获取 Iris 数据集，你可以仅写下下面这行代码：

```
DataSetIterator iter = new IrisDataSetIterator(batchSize, numSamples);
```

下面两行代码用于对数据格式化：

```
DataSet next = iter.next();
next.normalizeZeroMeanZeroUnitVariance();
```

这段代码把数据分为训练数据和测试数据，并分别存储：

```
SplitTestAndTrain testAndTrain =
next.splitTestAndTrain(splitTrainNum, new Random(seed));
DataSet train = testAndTrain.getTrain();
DataSet test = testAndTrain.getTest();
```

正如你所见，DL4J 中提供的 DataSet 类让这些数据处理变得非常地简单。

现在，让我们开始构建一个模型。模型的基础结构如下所示：

```
MultiLayerConfiguration conf = new
NeuralNetConfiguration.Builder().layer().layer() … .layer().build();
MultiLayerNetwork model = new MultiLayerNetwork(conf);
model.init();
```

代码以模型配置的定义开始，然后构建并初始化定义的模型。我们看一下配置的细节。在开始的地方，设置了整个网络：

```
MultiLayerConfiguration conf = new NeuralNetConfiguration.Builder()
    .seed(seed)
    .iterations(iterations)
.learningRate(1e-6f)
.optimizationAlgo(OptimizationAlgorithm.CONJUGATE_GRADIENT)
.l1(1e-1).regularization(true).l2(2e-4)
.useDropConnect(true)
.list(2)
```

配置的内容无需过多解释。然而，因为你在这之前并不了解正则化，我们先简单了解一下。

正则化可以防止神经网络模型过拟合，并让模型更加泛化。为了达到这个目的，

估计函数 $E(w)$ 重写为惩罚项如下：

$$E(w) + \lambda \frac{1}{p} \parallel w \parallel_p^p = E(w) + \lambda \frac{1}{p} \sum_i |w_i|^p$$

其中，$\parallel \cdot \parallel$ 表示向量范式。当 $p = 1$ 时，正则化叫作 L1 正则化，当 $p = 2$ 时，正则化叫作 L2 正则化。与此对应，范式也叫作 L1 范式和 L2 范式。这也是在代码中存在 . l1 ( ) 和 . l2 ( ) 的原因。λ 是超参数。这些正则化项可以让模型变得更加稀疏。L2 正则化也叫作权重衰减，可以用于防止梯度消失问题。

. useDropConnect ( ) 命令用于使用 dropout 和 . list ( ) 来定义层的数量，这个数量不包括输入层。

当设置好整个模型后，下一步就是配置各个层了。在这个样例中，模型并没有定义为深度神经网络。一个简单的 RBM 层定义为一个隐藏层：

```
.layer(0, new RBM.Builder(RBM.HiddenUnit.RECTIFIED, RBM.VisibleUnit.
GAUSSIAN)
  .nIn(numRows * numColumns)
  .nOut(3)
  .weightInit(WeightInit.XAVIER)
  .k(1)
  .activation("relu")
  .lossFunction(LossFunctions.LossFunction.RMSE_XENT)
  .updater(Updater.ADAGRAD)
  .dropOut(0.5)
  .build()
)
```

其中，第一行的值 0 是层的索引，. k ( ) 用于对比散度。因为 Iris 的数据是浮点类型数据，我们无法使用二值 RBM。这就是为什么使用 RBM. VisibleUnit. GAUSSIAN，因为它能使模型处理连续值。同时，对于这层的定义，需要特别说明的是 Updater. ADAGRAD 的角色。这个是用来优化学习速率的。现在，我们开始看模型的结构，优化器的详细解释将会在本章的最后进行介绍。

接下来的输出层就非常的简单，不再赘述：

```
.layer(1, new OutputLayer.Builder(LossFunctions.LossFunction.MCXENT)
  .nIn(3)
  .nOut(outputNum)
  .activation("softmax")
  .build()
)
```

这样，有三层的神经网络就被构建出来了：输入层、隐藏层和输出层。这个样例的模型如下图所示：

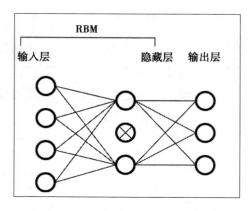

在模型构建完成后，我们需要训练网络。同样的，这里的代码超级简单：

```
model.setListeners(Arrays.asList((IterationListener) new
ScoreIterationListener(listenerFreq)));
model.fit(train);
```

因为第一行是用来记录训练过程的日志，训练模型需要做的仅仅是写出来
model. fit( )。

使用 DL4J 测试或评估模型也非常简单。首先，评估的变量需要如下设置：

```
Evaluation eval = new Evaluation(outputNum);
INDArray output = model.output(test.getFeatureMatrix());
```

接下来，就可以使用下面的代码，得到特征数组的值：

```
eval.eval(test.getLabels(), output);
log.info(eval.stats());
```

通过运行代码，我们将会得到下面的结果：

```
============================Scores============================
 Accuracy:  0.7667
 Precision: 1
 Recall:    0.7667
 F1 Score:  0.8679245283018869
==============================================================
```

F1 Score，也叫作 F-Score 或者 F-measure，是准确率和召回率的调和平均数，如下
面公式所示：

$$F_1 = 2 \times \frac{准确率 \times 召回率}{准确率 + 召回率}$$

这个值也常用于描述模型性能。同时，正如在样例中所写的，你可以通过下面的代码，看到真实值和预测值：

```
for (int i = 0; i < output.rows(); i++) {
    String actual = test.getLabels().getRow(i).toString().trim();
    String predicted = output.getRow(i).toString().trim();
    log.info("actual " + actual + " vs predicted " + predicted);
}
```

这就是全部的训练和测试过程。前面代码中的神经网络层数并不多，但你可以轻松构建深度神经网络，仅仅需要如下修改配置：

```
MultiLayerConfiguration conf = new NeuralNetConfiguration.Builder()
        .seed(seed)
        .iterations(iterations)
        .learningRate(1e-6f)
        .optimizationAlgo(OptimizationAlgorithm.CONJUGATE_GRADIENT)
        .l1(1e-1).regularization(true).l2(2e-4)
        .useDropConnect(true)
        .list(3)
        .layer(0, new RBM.Builder(RBM.HiddenUnit.RECTIFIED, RBM.
VisibleUnit.GAUSSIAN)
                        .nIn(numRows * numColumns)
                        .nOut(4)
                        .weightInit(WeightInit.XAVIER)
                        .k(1)
                        .activation("relu")
                        .lossFunction(LossFunctions.LossFunction.RMSE_
XENT)
                        .updater(Updater.ADAGRAD)
                        .dropOut(0.5)
                        .build()
        )
        .layer(1, new RBM.Builder(RBM.HiddenUnit.RECTIFIED, RBM.
VisibleUnit.GAUSSIAN)
                        .nIn(4)
                        .nOut(3)
                        .weightInit(WeightInit.XAVIER)
                        .k(1)
                        .activation("relu")
                        .lossFunction(LossFunctions.LossFunction.RMSE_
XENT)
                        .updater(Updater.ADAGRAD)
```

```
                            .dropOut(0.5)
                            .build()
        )
        .layer(2, new OutputLayer.Builder(LossFunctions.LossFunction.
MCXENT)
                            .nIn(3)
                            .nOut(outputNum)
                            .activation("softmax")
                            .build()
        )
        .build();
```

如你所见，使用 DL4J 构建深度神经网络仅需要很简单的实现。一旦设置了模型，需要做的就是调整参数。比如，增加迭代次数的值或者修改初始值将会返回一个更好的结果。

CSVExample. java

在前面的样例中，我们训练数据集模型，作为基准指标。当你想要使用自己准备的数据进行训练和测试模型时，你可以轻松地从 CSV 中引入数据。让我们看下 CSV 包中的 CSVExample. java 文件。第一步是初始化一个 CSV 的 reader 对象，如下所示：

```
RecordReader recordReader = new CSVRecordReader(0,",");
```

在 DL4J 中，提供了一个叫作 CSVRecordReader 的类，你可以使用它轻松地从 CSV 文件中引入数据。CSVRecordReader 类中的第一个参数值表示了应该跳过文件的行数。这在文件包含了数据头行时非常方便。第二个参数是分隔符。为了从文件中读取和导入数据，代码可以写成下面的样子：

```
recordReader.initialize(new FileSplit(new
ClassPathResource("iris.txt").getFile()));
```

有了这段代码，resources/iris. txt 文件中的内容会被引入到模型中。这里文件中的值和 Iris 数据集中的数据是一样的。为了使用这些初始化的数据进行模型训练，可以定义迭代器如下：

```
DataSetIterator iterator = new RecordReaderDataSetIterator(recordRead
er,4,3);
DataSet next = iterator.next();
```

在前面的样例中，我们使用了 IrisDataSetIterator 类，但这里使用了 RecordReader-DataSetIterator 类，因为我们使用了自己准备的数据。值 4 和 3 对应的分别是特征和标记的数量。

　　模型的构建和训练和前面样例解释的步骤几乎是一样的。在本例中，我们构建了有 dropout 和 rectifier 两个隐藏层的深度神经网络，即，我们有一个输入层 – 隐藏层 – 隐藏层 – 输出层，如下所示：

```
MultiLayerConfiguration conf = new NeuralNetConfiguration.Builder()
        .seed(seed)
        .iterations(iterations)
        .constrainGradientToUnitNorm(true).useDropConnect(true)
        .learningRate(1e-1)
        .l1(0.3).regularization(true).l2(1e-3)
        .constrainGradientToUnitNorm(true)
        .list(3)
        .layer(0, new DenseLayer.Builder().nIn(numInputs).nOut(3)
                .activation("relu").dropOut(0.5)
                .weightInit(WeightInit.XAVIER)
                .build())
.layer(1, new DenseLayer.Builder().nIn(3).nOut(2)
        .activation("relu")
        .weightInit(WeightInit.XAVIER)
        .build())
.layer(2, new
OutputLayer.Builder(LossFunctions.LossFunction
.NEGATIVELOGLIKELIHOOD)
        .weightInit(WeightInit.XAVIER)
        .activation("softmax")
        .nIn(2).nOut(outputNum).build())
.backprop(true).pretrain(false)
.build();
```

我们可以使用下面几行代码运行模型：

```
MultiLayerNetwork model = new MultiLayerNetwork(conf);
model.init();
```

模型如下图所示：

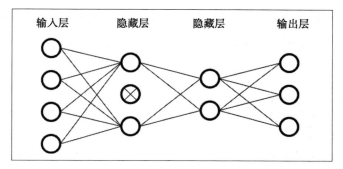

然而，这次，训练的代码写法和前面样例稍有不同。在前面的例子中，使用下面的代码把数据分为训练数据和测试数据：

```
SplitTestAndTrain testAndTrain =
next.splitTestAndTrain(splitTrainNum, new Random(seed));
```

在本例中，使用 . splitTestAndTrain（）方法对数据进行随机排序。在本例中，使用下面的代码设置训练数据：

```
next.shuffle();
SplitTestAndTrain testAndTrain = next.splitTestAndTrain(0.6);
```

如你所见，这里的数据会首先被随机排序，然后被分为训练数据和测试数据。注意在 . splitTestAndTrain（）中的参数类型各不相同。这样做的好处是无需统计数据或训练数据的准确数量。使用下面的代码可以完成实际的训练：

```
model.fit(testAndTrain.getTrain());
```

评估模型的方法和前面样例的方法是一样的：

```
Evaluation eval = new Evaluation(3);
DataSet test = testAndTrain.getTest();
INDArray output = model.output(test.getFeatureMatrix());
eval.eval(test.getLabels(), output);
log.info(eval.stats());
```

运行上面的代码，可以得到下面的结果：

```
===========================Scores========================================
 Accuracy:   1
 Precision: 1
 Recall:    1
 F1 Score:  1.0
=========================================================================
```

除了基准测试数据集外，现在你可以分析任何你拥有的数据了。

为了让模型更深，你仅需要添加如下的另一个层：

```
MultiLayerConfiguration conf = new
NeuralNetConfiguration.Builder()
        .seed(seed)
        .iterations(iterations)
        .constrainGradientToUnitNorm(true).useDropConnect(true)
```

```
        .learningRate(0.01)
        .l1(0.0).regularization(true).l2(1e-3)
        .constrainGradientToUnitNorm(true)
        .list(4)
        .layer(0, new DenseLayer.Builder().nIn(numInputs).nOut(4)
                .activation("relu").dropOut(0.5)
                .weightInit(WeightInit.XAVIER)
                .build())
        .layer(1, new DenseLayer.Builder().nIn(4).nOut(4)
                .activation("relu").dropOut(0.5)
                .weightInit(WeightInit.XAVIER)
        .build())
.layer(2, new DenseLayer.Builder().nIn(4).nOut(4)
        .activation("relu").dropOut(0.5)
        .weightInit(WeightInit.XAVIER)
        .build())
.layer(3, new
OutputLayer.Builder(LossFunctions.LossFunction
.NEGATIVELOGLIKELIHOOD)
        .weightInit(WeightInit.XAVIER)
        .activation("softmax")
        .nIn(4).nOut(outputNum).build())
.backprop(true).pretrain(false)
.build();
```

5.4.3　CNNMnistExample.java/LenetMnistExample.java

CNN 由于它的结构比其他的模型更加复杂，但我们无需关注这些复杂的地方，因为我们可以使用 DL4J 轻松实现 CNN。让我们看下卷积包中的 CNNMnistExample.java。在这个例子中，使用 MNIST 数据集（http://yann.lecun.com/exdb/mnist/）来训练模型，它是最有名的基准测试集之一。正如在第 1 章中所说，这个数据集包含了 70 000个从 0 到 9 的手写数字数据，高度和宽度都是 28 个像素。

首先，我们定义模型所需的值：

```
int numRows = 28;
int numColumns = 28;
int nChannels = 1;
int outputNum = 10;
int numSamples = 2000;
int batchSize = 500;
int iterations = 10;
int splitTrainNum = (int) (batchSize*.8);
int seed = 123;
int listenerFreq = iterations/5;
```

因为 MNIST 中的图像都是灰度的数据，通道的数量设置为 1。在本例中，我们使用 70 000 中的 2 000 个数据，并分为训练数据和测试数据。其中 mini-batch 的大小是 500，因此训练数据被分为 4 个 mini-batch。而且，每个 mini-batch 中的数据都会分为训练数据和测试数据，测试数据的每一部分都存储在 ArrayList 中：

```
List<INDArray> testInput = new ArrayList<>();
List<INDArray> testLabels = new ArrayList<>();
```

在前面的例子中并没有设置 ArrayList，因为仅有一个 batch。对于 MnistDataSetIterator 类，可以使用下面的代码设置 MNIST 数据：

```
DataSetIterator mnistIter = new
MnistDataSetIterator(batchSize,numSamples, true);
```

接着，构建拥有卷积层和下采样层的模型。其中，有一个卷积层和一个最大池化层，后面直接放置一个输出层。CNN 的配置结构和其他算法稍有不同：

```
MultiLayerConfiguration.Builder builder = new NeuralNetConfiguration.
Builder().layer().layer(). … .layer()
new ConvolutionLayerSetup(builder,numRows,numColumns,nChannels);
MultiLayerConfiguration conf = builder.build();
MultiLayerNetwork model = new MultiLayerNetwork(conf);
model.init();
```

区别在于我们无法直接从配置中构建模型，因为我们需要提前告诉构建器使用 ConvolutionLayerSetup( )来设置卷积层。各个 . layer( )仅需要同样的编码方式。卷积层定义如下：

```
.layer(0, new ConvolutionLayer.Builder(10, 10)
      .stride(2,2)
      .nIn(nChannels)
      .nOut(6)
      .weightInit(WeightInit.XAVIER)
      .activation("relu")
      .build())
```

其中，ConvolutionLayer. Builder( ) 中的值为 10，是核的大小，. nOut( )的值是 6，是核的个数。同时，. stride( )定义了核的步长大小。在第 4 章中从零编写的代码有一个功能相同的代码，不同仅在于. stride(1，1)。它的值越大，花费的时间越少，因为它减小了卷积所需计算的数量，但同时需要小心，因为它可能也会降低模型的精准度。总之，现在可以以更加灵活的方式实现卷积。

亚采样层如下描述：

```
.layer(1, new
SubsamplingLayer.Builder(SubsamplingLayer.PoolingType.MAX, new int[]
{2,2})
        .build())
```

其中，{2, 2} 是池化窗口的大小。你可能已经发现我们并不需要设置每层输入的大小，包括输出层。这些值会在你设置模型后自动设置。

输出层可以和其他模型一样编写：

```
.layer(2, new OutputLayer.Builder(LossFunctions.LossFunction.
NEGATIVELOGLIKELIHOOD)
        .nOut(outputNum)
        .weightInit(WeightInit.XAVIER)
        .activation("softmax")
        .build())
```

这个例子的模型如下所示：

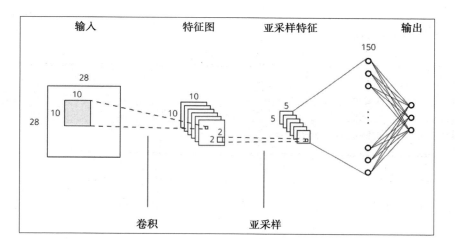

构建之后就是训练。因为有多个 mini-batch，我们需要在所有的 batch 上迭代训练。在本例中，可以使用 DataSetIterator 和 mnistIter 中的 . hasNext( )方法轻松完成这个目的。这个训练过程可以如下所写：

```
model.setListeners(Arrays.asList((IterationListener) new ScoreIteratio
nListener(listenerFreq)));
while(mnistIter.hasNext()) {
    mnist = mnistIter.next();
```

```
trainTest = mnist.splitTestAndTrain(splitTrainNum, new
Random(seed));
trainInput = trainTest.getTrain();
testInput.add(trainTest.getTest().getFeatureMatrix());
testLabels.add(trainTest.getTest().getLabels());
model.fit(trainInput);
}
```

其中，测试数据和测试类别会存储下来用于将来的使用。

同样，在测试时，我们需要在测试数据上迭代评估过程，因为有不止一个 mini-batch：

```
for(int i = 0; i < testInput.size(); i++) {
INDArray output = model.output(testInput.get(i));
eval.eval(testLabels.get(i), output);
}
```

接着，我们想让其他例子一样使用：

```
log.info(eval.stats());
```

这将会返回如下的结果：

```
=========================Scores========================================
 Accuracy:   0.832
 Precision: 0.8783
 Recall:    0.8334
 F1 Score:  0.8552464933704985
=======================================================================
```

上面的例子是有一个卷积层和一个下采样层的模型，但在 LenetMnistExample. java 中有更深的卷积神经网络。在本例中，有两个卷积层和下采样层，后面连着全连接多层感知器：

```
MultiLayerConfiguration.Builder builder = new NeuralNetConfiguration.
Builder()
        .seed(seed)
        .batchSize(batchSize)
        .iterations(iterations)
        .regularization(true).l2(0.0005)
        .learningRate(0.01)
        .optimizationAlgo(OptimizationAlgorithm.STOCHASTIC_GRADIENT_
DESCENT)
        .updater(Updater.NESTEROVS).momentum(0.9)
        .list(6)
```

```
            .layer(0, new ConvolutionLayer.Builder(5, 5)
                    .nIn(nChannels)
                    .stride(1, 1)
                    .nOut(20).dropOut(0.5)
                    .weightInit(WeightInit.XAVIER)
                    .activation("relu")
                    .build())
            .layer(1, new
            SubsamplingLayer.Builder(SubsamplingLayer.PoolingType.MAX,
            new int[]{2, 2})
                    .build())
            .layer(2, new ConvolutionLayer.Builder(5, 5)
                    .nIn(20)
                    .nOut(50)
                    .stride(2,2)
                    .weightInit(WeightInit.XAVIER)
                    .activation("relu")
                    .build())
            .layer(3, new
            SubsamplingLayer.Builder(SubsamplingLayer.PoolingType.MAX,
            new int[]{2, 2})
                    .build())
            .layer(4, new DenseLayer.Builder().activation("tanh")
                    .nOut(500).build())
            .layer(5, new
            OutputLayer.Builder(LossFunctions.LossFunction
            .NEGATIVELOGLIKELIHOOD)
                    .nOut(outputNum)
                    .weightInit(WeightInit.XAVIER)
                    .activation("softmax")
                    .build())
            .backprop(true).pretrain(false);
    new ConvolutionLayerSetup(builder,28,28,1);
```

如你所见，在第一个卷积层中，使用 DL4J 可以在 CNN 中很容易实现 dropout。
运行上面的代码，可以得到下面的结果：

```
==============================Scores========================================
 Accuracy:   0.8656
 Precision:  0.8827
 Recall:     0.8645
 F1 Score:   0.873490476878917

============================================================================
```

你可以从 MNIST 数据集的页面（http://yann. lecun. com/exdb/mnist/）看到目前最好的结果比上面的结果好很多。那么，你就会再次意识到参数组合、激活函数和优化算法的重要性。

5.4.4　学习速率的优化

到目前为止我们学习了多个深度学习算法；你可能已经发现它们有一个共同的参数：学习速率。学习速率是定义在更新模型参数的公式中。那么，为什么不考虑一下优化学习速率的算法呢？最初，这些公式可以按如下公式描述：

$$\theta^{(\tau+1)} = \theta^{(\tau)} + \Delta\theta^{(\tau)}$$

其中：

$$\Delta\theta^{(\tau)} = -\eta \frac{\partial E}{\partial \theta^{(\tau)}}$$

其中，τ 是步的数值，η 是学习速率。大家都知道，在每次迭代时减低学习速率的值，可以让模型有更好的精确率，但我们应该慎重确定如何减低，因为这个值的突然降低，可能会导致模型崩溃。学习速率是模型参数之一，那么为什么不优化呢？为了优化学习速率，我们需要知道什么是最好的学习速率。

设置学习速率最简单的方法是使用动量，如下表示：

$$\Delta\theta^{(\tau)} = -\eta \frac{\partial E}{\partial \theta^{(\tau)}} + \alpha\Delta\theta^{(\tau-1)}$$

其中，$\alpha \in [0,1]$，叫作动量系数。这个超参数常会先设置为 0.5 或者 0.9，然后再精调。

动量实际上是最简单有效地调节学习速率的方法，但由 Duchi 等人（http://www.magicbroom.info/Papers/DuchiHaSi10.pdf）提出的 ADAGRAD 项，是一个更好的方法。公式如下：

$$\Delta\theta^{(\tau)} = -\frac{\eta}{\sqrt{\sum_{t=0}^{\tau} g_t^2}} g_\tau$$

$$g_\tau = \frac{\partial E}{\partial \theta^{(\tau)}}$$

理论上效果不错，但实际上，常常使用下面的公式来防止发散：

$$\Delta\theta^{(\tau)} = -\frac{\eta}{\sqrt{\sum_{t=0}^{\tau} g_t^2 + 1}} g_\tau$$

或者使用：

$$\Delta\theta^{(\tau)} = -\frac{\eta}{\sqrt{\sum_{t=0}^{\tau} g_t^2 + 1}} g_\tau$$

ADAGRAD 比动量更易于使用，因为值会被自动设置，我们不需要设置额外的超参数。

Zeiler 提出的 ADADELTA（http://arxiv.org/pdf/1212.5701.pdf）是已知的更好的优化器。这是一个基于算法的优化器，无法使用一个简单的公式表示。下面是 ADADELTA 的描述：

- 初始化：
  - 初始化累加变量：

$$E[g^2]_0 = 0$$

同时：

$$E[\Delta\theta^2]_0 = 0$$

- 迭代 $\tau = 0$，1，2，…，T：
  - 计算：

$$g_\tau = \frac{\partial E}{\partial\theta^{(\tau)}}$$

  - 累加梯度：

$$E[g^2]_\tau = \rho E[g^2]_{\tau-1} + (1-\rho)g_\tau^2$$

  - 计算更新：

$$\Delta\theta^{(\tau)} = -\frac{\sqrt{E[\Delta\theta^2]_{\tau-1} + \varepsilon}}{\sqrt{E[g^2]_\tau + \varepsilon}} g_\tau$$

  - 累加更新：

$$E[\Delta\theta^2]_\tau = \rho E[\Delta\theta^2]_{\tau-1} + (1-\rho)(\Delta\theta^{(\tau)})^2$$

  - 应用更新：

$$\theta^{(\tau+1)} = \theta^{(\tau)} + \Delta\theta^{(\tau)}$$

其中，ρ 和 ε 是超参数。你可能认为 ADADELTA 非常复杂，但如果你使用 DL4J 实现算法，就无需担心这个复杂的问题。

DL4J 还支持其他的优化器算法，比如 RMSProp、RMSProp + 动量，以及 Nesterov 加速梯度下降。然而，我们不会深入讲解它们，因为实际上，动量、ADAGRAD 和 ADADELTA 对于优化学习速率就已经足够了。

5.5 小结

在本章中，你已经学习了如何使用 ND4J 和 DL4J 库来实现深度学习模型。它们两个都支持 GPU 计算，也都给我们无需困难就可以实现算法的能力。ND4J 是一个科学计算库，并支持向量化，这让数组之间的计算实现更加地简单，因为无需实现数组计算的迭代代码。因为机器学习和深度学习算法有很多的向量计算公式，比如内积和点乘，ND4J 也已经实现了这些功能。

DL4J 是深度学习库，通过使用这些库的一些例子，你可以看到我们可以轻松地构建、训练和评估多个不同类型的深度学习模型。另外，在模型的训练过程中，你学到了正则化可以得到更好结果的原因。你也知道了一些学习速率的优化器算法：动量、ADAGRAD 和 ADADELTA。所有的这些使用 DL4J 都可以轻松实现。

你学到了深度学习算法的核心原理和实现步骤的知识，现在你知道实现它们并不困难。我们可以说已经完成了本书的理论部分。因此，在下一个章节中，将会首先学习深度学习算法可以怎样应用到实际中去，然后学习下如何将这些算法应用到其他可能的领域和创意中。

第 **6** 章

实践应用——递归神经网络等

通过前面的章节，你已经知道了很多深度学习的知识。现在，你应该已经了解了深度学习的基本概念、理论以及深度神经网络的实现。应该也已经知道，利用深度学习库，我们不需要费很大力气就能用深度学习算法对各种数据进行试验。接下来，我们要看看深度学习怎样能推广到更多的领域，以及怎样在实际应用中发挥它的威力。

因此，我们本章首先要讨论的就是深度学习怎样在实际中应用。这一章中，你会看到一些深度学习的实际用例，不过它们的数量仍然不是很多。既然深度学习是如此创新的一种方法，为什么实际应用却乏善可陈呢？到底哪里出了问题？接下来，我们就会讨论这个问题。更进一步，我们还会讨论哪些领域可以应用、或者有机会运用深度学习以及人工智能相关的技术。

本章内容包括以下主题：

- 图像识别、自然语言处理、神经网络模型及其相关的算法。
- 将深度学习模型应用到实际应用时的困难。
- 深度学习可能的应用领域，以及如何在这些领域中使用深度学习。

我们将一起经历这场声势浩大的人工智能盛宴，探索人工智能的各种潜能，你可以在各种活动（譬如技术研发、业务拓展）中利用这期间迸发的想法和灵感。

6.1 深度学习热点

我们常听到这种说法，深度学习的研究一直在路上，这是事实。很多公司，尤其是像谷歌、脸谱、微软、IBM 这样的大型技术公司投入了大量的资金到深度学习的研究之中，我们经常听说某个公司又买了某个研究组这样的新闻。然而，当我们细细思索就会发现，深度学习存在大量的算法，而这些算法适用于哪些领域又各有不同。即便如此，哪些领域已经采用了深度学习，或者哪些领域可以使用深度学习对大多数人而言仍然是个谜。由于"人工智能"这个术语已经广为流传，人们无法确切地理解哪个产品到底用了哪种技术。因此，这一节中，我们会一起审视这些试图在实战中应用深度学习的领域。

6.1.1　图像识别

深度学习应用最广泛的领域是图像识别。正是 Hinton 教授及其团队的卓越创新引导出了"深度学习"这一术语。他们的算法曾经达到图像识别竞赛中最低的误识率。此后，随着对图像识别算法的持续深入研究，之前的记录也已经不断地被打破。现在，采用深度学习的图像识别已经不再局限于科学研究，实际产品及应用中也逐渐推广开来。譬如，谷歌已经在 YouTube 中利用深度学习自动生成视频的缩略图，在谷歌相册中通过深度学习对图像进行自动标签。正如我们刚才提到的这些产品，深度学习主要的应用领域还是在图像标签或者分类上，譬如，在机器人领域，深度学习被用于帮助机器人辨别它周围的事物。

我们在这些产品和行业中使用深度学习的原因是深度学习更适合图像处理，深度学习在其他领域中的应用无法取得这么高的精确度。由于图像识别具有很高的准确率和召回率，意味着它的工业应用前景非常广阔。采用深度学习算法之后（http://cs. nyu. edu/ ~ wanli/dropc/），MNIST 图像分类的误识率已经创纪录地低到 0. 21%，几乎与人类的判断不相上下。换句话说，如果你将领域缩小到图像识别，那么机器有可能战胜人类已经是一个不争的事实。为什么深度学习在图像识别领域能取得如此之高的精确度，而在其他领域还差得很远？

原因之一是深度学习的特征抽取结构非常适合图像数据。深度神经网络中，多层堆叠在一起，特征一步步从每层的训练数据中抽取出来。也可以这么说，图像数据的特征也是分层结构。当你审视一副图像时，下意识地，你首先看到的是概略特征，接着才看到更详细的特征。因此，深度学习特征抽取的固有特性与人类感知图像的方式是一致的，所以，我们能够得到特征的精确实现。然而，采用深度学习的图像识别仍然有很大的提升空间，特别是机器如何能理解图像及其内容方面。不做预处理，直接将深度学习应用于样本图像数据就能取得这么高的精确度，很明显也印证了深度学习与图像识别是极好的搭配。

另一方面，研究人员也在持续地改进着算法，虽然很缓慢，但是很扎实。譬如，深度学习算法卷积神经网络（CNN）能帮助图像识别获得很高的精确度，并且随着各种问题的解决而不断提高。为了避免模型变得过于密集，研究人员引入了卷积层内核以取代局部感受野（Local Receptive Fields）。此外，为了降低模型对图像位置的敏感性，研究人员引入了下采样（Downsampling）的方法，譬如最大池化（Max-Pooling）。这种方法是在识别具有一定格式化的手写字母例如邮编等的过程中提出的。诸如此类，为了让神经网络适用于实际应用，有大量这样的实例，新的方法不断被添加到神经网络中。像 CNN 这样复杂的模型也构建于这些不断累积且稳定的改进基础之上。虽然深度学习不再需要特征工程，我们依然需要考虑用恰当的方法解决特定的问题，也就是，我们无法构建万能模型，这就是优化中所谓的无免费的午餐定律（No Free Lunch Theorem，TFLT）。

在图像识别领域，使用深度学习能达到的分类准确率非常高，实际上，它已经被应用于实际。不过，还有更多的领域可以推广采用深度学习。图像与很多行业都有密切联系。不久的将来，使用深度学习的案例和企业会越来越多。本节中，我们一起思考随着深度学习的出现，哪些行业可以采用图像识别，下一节我们将继续讨论深度学习还能应用于哪些行业。

6.1.2 自然语言处理

热度紧随图像处理其后，深度学习研究有所进展的领域要数自然语言处理（Natural Language Processing，NLP）。这一领域在不久的将来极可能是深度学习研究最活跃的领域。至于图像识别，我们可能达到的准确率已经接近极限，因为借助深度学习的图像分类甚至比人工识别还准确。另一方面，自然语言处理在深度学习帮助下构建的模型效果也比之前提升很多，不过自然语言处理领域仍旧存在大量亟待解决的问题。

基于深度学习的产品和实际应用也已经开始出现。譬如，基于深度学习的自然语言处理已经在谷歌的语音搜索、语音识别和谷歌翻译中应用。此外，IBM 公司的沃森（Watson）研究院研发的认知计算系统已经可以学习和理解自然语言、从而支持人类的决策；该系统可以从海量文档中提取关键字与实体，还可以对文档进行标注。这些功能都已作为沃森应用程序接口对公众开放，任何人都可以随心所欲地使用它们。

正如你从前面的实例中所看到的，自然语言处理自身类别多种多样，范畴也非常广泛。在基础技术方面，它包括对语句内容的分类、对词语的分类、语义的规范。更进一步，像中文或者日文这种没有空格分隔的语言还需要进行构词分析，而这又是自然语言处理的另一种可获得的技术。

自然语言处理涵盖了大量亟待研究的问题，因此，我们需要明确自然语言处理的目标是什么，它试图解决什么问题，以及研究通过怎样的方式可以解决这些问题。应该使用什么模型，怎样才能适当地取得好的精确度，这些都是应该认真讨论的话题。CNN 方法是在解决图像识别面临的问题时创造出来的。现在需要考虑，对神经网络和自然语言处理而言，可以使用哪些方法，它们有分别有什么问题或者局限。理解过去的经验教训对我们将来的研究及应用大有裨益。

前馈神经网络方法

自然语言处理的一个基本问题是"当你接收到某个词或某几个词之后预测接下来的是什么词"。这个问题很简单，然而，如果你试图使用神经网络解决这一问题，很快你就会发现面临的几个难题，因为 NLP 处理的样本数据，譬如文档或者语句通常都带有下面这些特征：

- 语句的长度通常不固定，而且变化比较大，语句中的单词数目也极其庞大。
- 语句中可能存在着不可预知的问题，譬如拼写错误的单词，缩略词等。
- 语句都为顺序的数据，因此带有一定的时间信息。

为什么语句的这些特点会成为问题呢？还记得通用神经网络的模型结构么。为了采用神经训练和测试，包括输入层在内，每一层的神经单元数量都是预定义的，模型的大小对所有的样本数据一样。与此同时，输入数据其长度并不固定，并且还很可能变化很大。这意味这种模型无法适应样本数据，至少看起来是这样。因此，不添加或者修改数据的内容就无法使用神经网络对其进行恰当地分类或者泛化（Classification or Generation）。

我们必须固定输入数据的长度，解决这一问题的方法之一是从头开始依次将语句切分为一定的词语分块。这种方法被称为"N 元语法（N-gram）"。其中的 N 表示每个分块的大小，大小为 1 的"N 元语法"被称为"一元语法（Unigram）"，大小为 2 的被称为"二元语法（Bigram）"，大小为 3 的被称为"三元语法（Trigram）"。当它的大小更大时，就直接简单地使用 N 的值称呼它，譬如"四元语法（Four-gram）"、"五元语法（Five-gram）"。

我们看看 N 元语法如何在自然语言处理中工作。这里的目标是在给定的条件历史 h 下，计算单词 w 出现的概率 w，即 $P(w|h)$。我们将 N 个单词出现的序列表示为 w_1^n。那么，我们希望计算的概率就是 $p(w_1^n)$，对这个条件应用概率的链式法则，我们可以得到下面的公式：

$$P(w_1^n) = P(w_1)P(w_2|w_3)P(w_3|w_1^2)\cdots P(w_n|w_1^{n-1}) = \prod_{k=1}^{n} P(w_k|w_1^{k-1})$$

乍一看似乎条件概率可以帮助解决这些问题，然而这只是水中捞月，因为我们无法依据很长的前置单词序列 $P(w_n|w_{n-1})$ 去计算某个单词的实际出现概率。由于语句的结构非常灵活，我们无法依赖简单的样本文档或语料库来估算单词的出现概率。这就是 N 元语法要解决的问题。实际上，解决这一问题有两个思路：最初的 N 元语法模型，以及基于 N 元语法模型的神经网络。我们先看第一种，即 N 元语法模型，以便我们在钻研神经网络前能深入理解自然语言处理的开发历程。

N 元语法中，我们并不是依据所有的既往历史数据来计算单词出现的概率，而是依据最近出现的 N 个单词近似历史数据展开计算。譬如，二元语法模型仅凭借前置单词的条件概率 $P(w_n|w_{n-1})$ 近似单词的概率，因此就有下面的公式：

$$P(w_1^n) = \prod_{k=1}^{n} P(w_k|w_1^{k-1}) \approx \prod_{k=1}^{n} P(w_k|w_{k-1})$$

类似地，我们可以对该公式进行泛化，扩展到 N 元语法。这种情况下，单词的概率可以表示如下：

$$p(w_n|w_1^{n-1}) \approx P(w_n|w_{n-N+1}^{n-1})$$

我们可以得到下面的公式：

$$P(w_1^n) \approx \prod_{k=1}^{n} P(w_k|w_{k-N+1}^{k-1})$$

也请牢记在心，N 元语法的这些近似都基于名为"马尔可夫模型"的概率模型，这个模型中，单词的概率只与直接前驱单词相关。

现在我们需要做的是估算这些 N 元语法的概率，不过怎样进行估算呢？完成这项工作有一个简单的方法，叫作"最大似然估计（Maximum Likelihood Estimation, MLE）"。该方法就是从语料库中计算词频，并进行归一化。以二元语法为例，我们可以得到：

$$P(w_n|w_{n-1}) = \frac{C(w_{n-1}w_n)}{\sum_w C(w_{n-1}w)}$$

上述公式中，$C(\cdot)$ 表示一个单词或者单词序列出现的次数。由于分母，即以 W_{n-1}

开头的二元语法计数之和，也等于 W_{n-1} 的一元语法的计数，上述公式可以描述如下：

$$P(w_n \mid w_{n-1}) = \frac{C(w_{n-1}w_n)}{C(w_{n-1})}$$

由此，也可以相应地推出 N 元语法的最大似然估计为：

$$P(w_n \mid w_{n-N+1}^{n-1}) = \frac{C(w_{n-N+1}^{n-1}w_n)}{C(w_{n-N+1}^{n-1})}$$

虽然这仅仅只是使用 N 元语法进行自然语言处理的基本方法，至少我们现在知道如何计算 N 元语法概率了。

神经网络模型的途径跟上述方法相反，它依据某个特定的历史数据 h_j 来预测单词 w_j 的条件概率 $P(w_j = i \mid h_j)$。其中的一种自然语言处理模型名为"神经网络语言模型 (Neural Network Language Model，NLMM)" (http://www. jmlr. org/papers/volume3/bengio03a/bengio03a. pdf)，下面的这幅图解释了其工作流程：

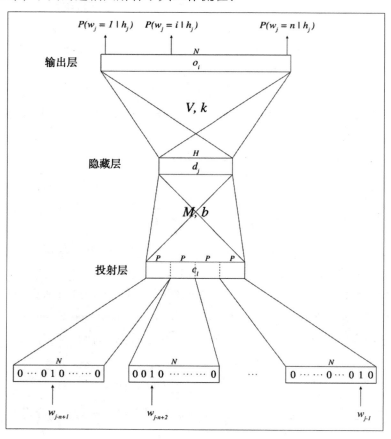

这里的 N 表示词汇库的大小，词汇库中的每个单词都是 N 维向量，这个向量中只有索引中的一位被设置为 1，其他所有位都是 0。这种表示方法被称作"N 分之 1 编码（1-of-N Coding）"。神经网络语言模型的输入是前置 $n-1$ 个单词 $h_j = w_{j-n+1}^{j-1}$ 的索引（所以它们也是 N 元语法）。由于通常情况下其容量 N 的典型值介于 5 000 到 200 000 之间，神经网络语言模型的输入向量非常稀疏。之后，为了进行连续的空间表示，每个单词会被映射到投射层（Projection Layer）。这种从离散空间向连续空间的线性投射（激活）基本上是依赖一张 $N \times P$ 条目的速查表，其中 P 表示特征维度。同一个上下文中，不同位置的词语共享一个投射矩阵，用 $l = 1, \cdots, (n-1) \cdot P$ 将单词向量映射到投射层单元 c_l。紧接在投射层之后的是隐藏层。由于投射层是连续的空间，其模型结构与前文介绍过的其他神经网络一样。所以，激活可以表示如下：

$$d_j = h \left(\sum_{l=1}^{(n-1) \cdot P} m_{jl} C_l + b_j \right)$$

公式中的 $h(\cdot)$ 表示激活函数，m_{jl} 是投射层与隐藏层之间的权重，b_j 是隐藏层的偏差。这样，就能得到对应的输出单元，如下所示：

$$O_i = \sum_j v_{ij} d_j + k_i$$

这里的 v_{ij} 是隐藏层与输出层之间的权重，k_i 表示输出层的偏差。对给定的历史 h_j，单词 i 的概率可以使用 softmax 函数计算如下：

$$P(w_j = i \mid h_j) = \frac{\exp(o_i)}{\sum_{l=1}^{N} \exp(o_i)}$$

如你所见，神经网络语言模型 NNLM 中，模型同时预测所有单词出现的概率。由于模型使用标准神经网络描述，我们可以使用标准的反向传播算法训练模型。

神经网络语言模型 NNLM 是一种使用 N 元语法的自然语言处理方法。虽然 NNLM 解决了如何固定输入数量的问题，最佳值 N 仍然只能通过试验的方法找到，而这是整个模型构造过程中最复杂的部分。此外，我们还必须确保不要对输入的时间序列数据花费太多的精力。

对于自然语言处理的深度学习

基于 N 元语法的神经网络能解决自然语言处理中的部分问题，不过它也存在一定的问题，譬如到底使用什么样的 N 元语法可以得到最佳效果，应用于模式输入的 N 元语法方式，是否依然需要上下文？这些问题并不局限于自然语言处理领域，实际上，它是所有带时间序列数据的领域所面临的共同问题，譬如降雨量、股价、马铃薯每年的收成、电影票房等。由于在现实世界中存在如此海量的这类数据，我们不能忽视这中间潜在的问题。不过，如何使用带时间序列的数据训练神经网络呢？

（1）递归神经网络

递归神经网络（Recurrent Neural Network，RNN）是众多神经网络模型中能保持上下文数据的模型之一，对该模型的积极研究也一直紧随深度学习算法演化的步伐。下面是递归神经网络的简单示意图：

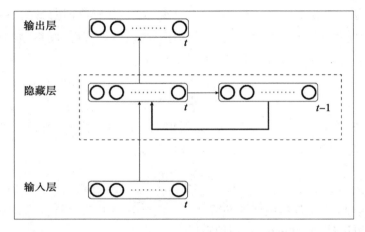

标准神经网络与递归神经网络的区别在于递归神经网络的隐藏层与时间存在连接。时间点 t 的输入数据激活的是时间点 t 对应的隐藏层，这些数据保存在隐藏层之中，接着在时间点 $t+1$ 传播到时间点 $t+1$ 的隐藏层。这样一来，网络既保存了历史数据的状态，也能反映数据的状态。你可能会认为递归神经网络是一种动态模型，然而，如果把每个时间点展开，完全可以将递归神经网络也看成一种静态模型：

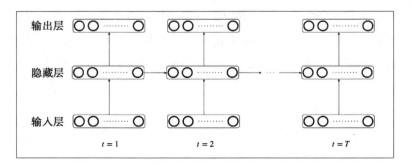

由于模型结构在每个时间步骤上和通用神经网络完全一样，你可以使用反向传播

算法训练该模型。不过，训练时你需要考虑时间的相关性，有一种名为时序反向传播（Backpropagation through Time，BPTT）的方法可以帮助解决这一问题。时序反向传播方法中，参数的误差及梯度都会反向传播给时间前序的层。

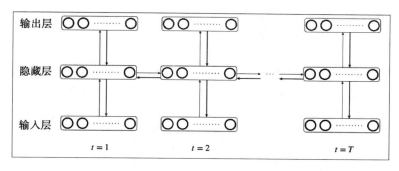

因此递归神经网络可以在模型中保存上下文信息。理论上，每个时间步骤的网络都应该考虑所有时间前序数据，不过实践中，我们常常将时间窗口限定在一定的范围内，从而简化计算的复杂度，避免发生"消失梯度问题"或者"爆炸梯度问题"。通过时序反向传播我们可以在各层之间进行训练，这也是递归神经网络被当成深度神经网络之一的原因。当然，还有其他深度递归神经网络结构，如栈式递归神经网络（Stacked RNN），它的隐藏层是多层形成的堆栈。

递归神经网络为适应自然语言处理进行了很多的改进，它事实上是自然语言处理领域最为成功的模型之一。最初为自然语言处理而优化的模型名为"递归神经网络语言模型（Recurrent Neural Network Language Model，RNNLM）"，由 Mikolov 等人提出（http://www.fit.vutbr.cz/research/groups/speech/publi/2010/mikolov_interspeech2010_IS100722.pdf）。该模型的架构示意图如下所示：

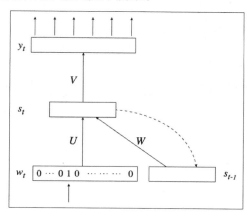

该网络有三层，分别是：输入层 x、隐藏层 s 以及输出层 y。隐藏层也常常被称为上下文层，或者状态层。t 时刻每一层的值可以表示如下：

$$\begin{cases} x_t = w_t + s_{t-1} \\ s_t = f(Uw_t + Ws_{t-1}) \\ y_t = g(Vs_t) \end{cases}$$

这里的 $f(\cdot)$ 表示 sigmoid 函数，$g(\cdot)$ 代表 softmax 函数。由于输入层包含 $t-1$ 时刻的状态层，因而能反映网络的一个全局上下文。这种模型架构意味着相对于前向反馈神经网络语言模型 NNLM，递归神经网络语言模型 RNNLM 可以适配更加广泛的上下文，这种模型中上下文的长度受限于（N 元语法的）N。

进行递归神经网络训练时，整个时段及上下文都应该加以考虑，不过，正如我们前文讨论的那样，现实情况是当算法学习完整的依赖时间时，BPTT 经常需要大量计算，导致梯度消失或者梯度爆炸问题，因此我们截短了时间长度。因此这一算法进程被称作"截断的 BPTT"。如果我们依据时间展开 RNNLM，模型的示意图如下所示（这幅示意图中，展开的时间区间 $\tau = 3$）：

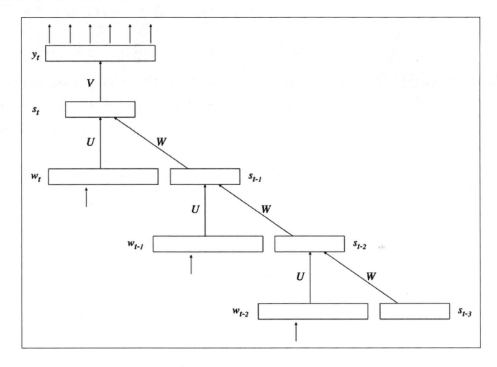

这里的 d_t 是标识向量的输出。输出的误差向量可以表示如下：

$$\delta_t^{输出} = d_t - y_t$$

我们可以得到下面的公式：

$$\delta_t^{隐藏} = d((\delta_t^{输出})^T V, t)$$

其中，T 为展开时间（Unfolding Time）：

$$d(x, t) = x s_t (1 - s_t)$$

上图表示了隐藏层激活函数的导数。由于我们在这里使用的是 sigmoid 函数，可以得到上述的等式。这样一来，前序误差可以表示如下：

$$\delta_{t-\tau-1}^{隐藏} = d((\delta_{t-\tau}^{输出})^T V, t - \tau - 1)$$

基于这些公式，现在我们可以更新模型的权重矩阵了：

$$V_{t+1} = V_t + s_t (\delta_t^{输出})^T \alpha$$

$$U_{t+1} = U_t + \sum_{\tau=0}^{T} w_{t-\tau} (\delta_{t-\tau}^{隐藏})^T \alpha$$

$$W_{t+1} = W_t + \sum_{\tau=0}^{T} w_{t-\tau-1} (\delta_{t-\tau}^{隐藏})^T \alpha$$

这个公式中的 α 表示学习速率。训练之后，矩阵中的每个向量都能显示单词之间的差异，RNNLM 的这种特性非常有趣。出现这种情况是源于 U 是将单词映射到隐藏空间的矩阵，因此，训练之后，映射的单词向量就包含了该单词的含义了。譬如，计算"king"–"man"和"woman"的向量会返回"queen"。DL4J 支持 RNN，因此，使用该库函数你可以很容易地实现这种模型。

（2）长短期记忆网络（Long Short Term Memory Networks）

使用标准 RNN 训练需要截断 BPTT。你可能会质疑这种情况下 BPTT 训练的模型是否真的可以反映完整的上下文，这种怀疑是非常合理的。这也是长短期记忆网络（LSTM），这种特殊的 RNN 被提出的原因，它的目的就是要解决长期依赖的问题。LSTM 相当复杂，不过我们可以先理解下 LSTM 的概念。

首先，我们可以思考下我们是如何在模型中存储和了解历史信息的。虽然设置连接的上限可以缓解梯度爆炸问题，梯度消失问题依旧是个大问题，需要深入研究才能解决。一种潜在的解决方案是引入一个新的单元，永久保存输入数据的值及其梯度。因此，当你查看标准神经网络隐藏层的单元时，你看到的是下面这样简单的结构：

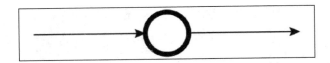

    这里并没有什么特别的。接着，像下面那样在网络中添加一个单元，现在网络在神经元内就能记住历史信息了。这里添加的神经元采用线性激活，其值常被设为 1。这个神经元，或者 Cell 单元被称为"常量误差传送带（Constant Error Carousel，CEC）"，因为误差信息会一直停留在神经元内，不会消失。CEC 作为一种存储单元，存储了以往的输入。这种机制解决了梯度消失问题，不过又带来了另一个问题。由于所有传播的数据都会存储在神经元内，噪声数据同时也被存储了：

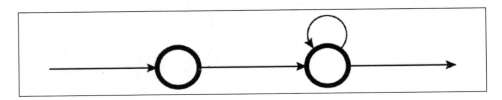

    这个问题可以划分为两个问题：输入权重冲突和输出权重冲突。输入权重冲突的核心思想是仅当需要时才对网络中的某些数据进行保存；只有当相关信息抵达时，神经元才被激活，否则神经元不会被激活。类似地，输出权重冲突在各种类型的神经网络中都可能发生；神经元的值只有在需要时才传播，否则就不传播。只要神经元之间的连接使用网络的权重表示，我们就无法解决这些问题。因此，我们需要一种新的能控制输入、输出传播的方法或者表达技巧。不过，该怎样实现这些呢？答案是，将单元放置在 CEC 的前后，让它们的工作方式像"门"那样，这些单元因此分别被称作"输入门"或"输出门"。门的工作示意图如下所示：

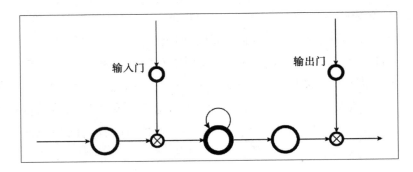

因为它是门，理想情况下，门应该依据输入返回离散值 0 或者 1，当返回 0 时门关闭，返回 1 时门开启，不过在编程实现时，为了便于 BPTT 的训练，门的返回值介于 0 与 1 之间。

似乎我们现在已经可以按实际时间准确地保存或者提取信息了，然而还有另一个未解决的问题。只有输入门和输出门这两个门的情况下，保存在 CEC 中的内存无法以较小的代价刷新。因此，我们还需要一个额外的门，它要能够动态地修改 CEC 的值。为了实现这一目的，我们在架构中添加了一个"遗忘门"来控制什么时候内存可以擦除。当遗忘门的值为 0 或者接近对时，CEC 的值被新的值刷新。有了这三个门，单元就能记住之前的历史信息或者上下文，由于这个结构不只包含一个神经元，它也被称为"LSTM 模块"，或者"LSTM 记忆模块"。下面这幅示意图展示了 LSTM 模块：

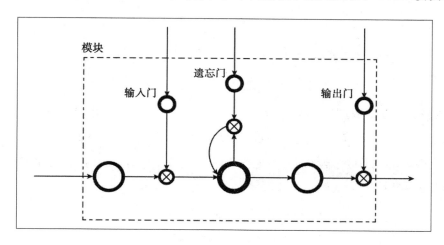

前文已经对标准 LSTM 做了全面的介绍，不过为了获得更好的设计效果，还有一个技巧值得注意，我们现在就解释其原理。LSTM 中，门连接输入单元和所有单元的输出，但没有直通 CEC 的连接。这意味着我们无法看到模型的隐藏状态，因为单元块的输出完全受制于输出门；一旦输出门关闭，没有任何门可以直接访问 CEC，导致重要信息的缺失，这种情况下 LSTM 的设计效果会受影响。一种简单却有效的解决方案是在块内添加由 CEC 到门的连接。这些新添加的连接被称为"窥视孔连接"，它的行为和标准的权重连接一样，不过通过门后，误差将无法通过窥视孔连接传播。窥视孔连接使得其他的门即便在输出门关闭时也有机会了解隐藏层的状态。目前为止，你已经学习了大量的术语，不过可能还是一头雾水，完整的连接架构图能帮助你更好地理解，下面是一幅简单的架构示意图：

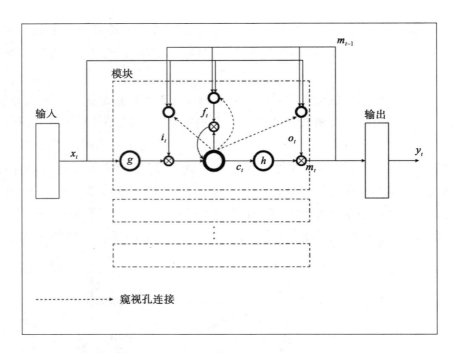

简单起见，上述示意图只描述了一个 LSTM 模块。你可能被吓到，因为前述的模型就已经非常复杂了。然而，一旦你一步步地理解了模型，就能理解 LSTM 网络是如何解决自然语言处理中的这些难题的。给定一个输入序列 $x = (x_1, \cdots, x_T)$，每个网络单元的计算可以表述如下：

$$i_t = \sigma(W_{ix}x_t + W_{im}m_{t-1} + W_{ic}c_{t-1} + b_i)$$

$$f_t = \sigma(W_{fx}x_t + W_{fm}m_{t-1} + W_{fc}c_{t-1} + b_f)$$

$$c_t = f_t \odot c_{t-1} + i_t \odot g(W_{cx}x_t + W_{cm}m_{t-1} + b_c)$$

$$o_t = \sigma(W_{ox}x_t + W_{om}m_{t-1} + W_{oc}c_t + b_o)$$

$$m_t = o_t \odot h(c_t)$$

$$y_t = s(W_{ym}m_t + b_y)$$

上述公式中，W_{ix} 表示由输入门指向输入的权重矩阵，W_{fx} 是由遗忘门指向输入的权重矩阵，W_{ox} 是由输出门指向输入的权重。W_{cx} 是由 Cell 单元指向输入的权重矩阵，W_{cm} 是由 Cell 单元指向 LSTM 输出的权重矩阵，W_{ym} 是由输出指向 LSTM 输出的权重矩阵。W_{ic}、W_{fc} 和 W_{oc} 分别是窥视孔连的对角权重矩阵。b 表示偏差向量，b_i 是输入门的偏差向量，b_f 是遗忘门的偏差向量，b_o 是输出门的偏差向量，b_c 是 CEC 单元的偏差向量，b_y

是输出的偏差向量。这里的 g 和 h 分别是 Cell 单元的输入和输出的激活函数。σ 表示 sigmoid 函数，$s(\cdot)$ 表示 softmax 函数，$\odot$ 是向量元素指向（Element-Wise）的产品。

本书中，不会更进一步讨论这些数学公式，因为仅仅针对 BPTT 展开讨论就已经变得如此复杂了，不过你可以尝试使用 DL4J 实际操作长短期记忆网络 LSTM 以及递归神经网络 RNN。正如卷积神经网络 CNN 是由图像识别领域发展而来，递归神经网络 RNN 和长短期记忆网络 LSTM 的发展也是伴随着解决自然语言处理领域中的一个又一个问题。这两种算法都是为了在执行自然语言处理时能得到更好的效果的一种尝试，还需要不断改进。人类是使用语言沟通的生物，自然语言处理的发展必然带来技术的创新。关于如何应用长短期记忆网络 LSTM，可以参考"使用神经网络进行序列学习"（作者 Sutskever 等，http://arxiv.org/pdf/1409.3215v3.pdf），更多最近的算法你可以参考网格长短期内存模型（作者 Kalchbrenner 等，http://arxiv.org/pdf/1507.01526v1.pdf），以及休.阿特德和特里的著作：通过视觉关注生成神经图像字幕（作者休等，http://arxiv.org/pdf/1502.03044v2.pdf）。

6.2 深度学习的挑战

在图像识别领域，深度学习已经获得比人类更高的精确度，并已经在大量的实际应用中推广。类似地，在自然语言处理领域，专家们也已经研究了大量的模型。在其他领域，深度学习的推广应用如何呢？令人意外的是，除了上述的两个领域，深度学习在其他领域几乎没有任何成功的应用。这是因为相对于以往的各种算法，深度学习确实是一种跨越式的创新，显然在具现化人工智能技术方面迈上了一大步。然而，深度学习自身的确也存在一些问题，这些问题阻碍了它的实际应用。

第一个问题就是深度学习算法模型中参数过于繁多。我们学习算法理论和实现时并没有详细地了解这部分内容，不过深度神经网络实际存在大量超参数，因此有别于原有的神经网络或其他机器学习算法。这意味着为了更好的精确度，需要进行更多的试验。定义神经网络结构的参数组合，譬如应该设置多少层隐藏层，或者每个隐藏层设置多少单元都需要大量的试验。此外，训练参数和测试的配置，譬如学习速率也需要我们做判断。更进一步，每个算法特殊的参数，譬如栈式去噪自编码器 SDA 算法的损坏级别，卷积神经网络的核的尺寸也需要额外的试验。因此，深度学习的精确度是由持续且稳定的参数调整所保障的。然而，人们很多时候只看到了深度学习的一方面，即它能带来更高的预测精确度，却忽视了取得这种精确度花费的艰难过程。毕竟深度学习并不是魔法。

此外，对简单的问题，深度学习常常无法训练和分类数据。深度神经网络的结构深且复杂，因而权重很难优化到位。就优化而言，数据的量也非常重要。这意味着深度神经网络每次训练都需要大量的时间。总结来说，深度学习在下面这些场景中能体现其价值：

- 问题非常复杂，是难以解决的问题，这种情况下通常人也不知道他们需要对什么特征进行分类。
- 有足够大量的训练数据，能用于对深度神经网络进行恰当地优化。

与经常用持续更新的数据优化模型的应用不同，深度学习适用于这样的场景：构造模型的数据集很大，且不会发生剧烈变化，一旦使用大规模数据集构建好模型，该模型能广泛地适用于各种应用。

因此，当你仔细调查业务领域的需求，可能会发现大多数情况下，现有机器学习方法取得的效果可能比使用深度学习还好。譬如，假设我们想向某电商的用户推荐合适的产品。这个电商平台中，每天都有很多用户购买大量产品，因此销售数据每天都有大量的更新。这种情况下，你会用深度学习分析这些数据，用更高准确率的分类和推荐来提高已购买用户率的转化吗？很可能不会，因为以务实的角度看，现有的机器学习算法，譬如朴素贝叶斯、协同过滤算法、支持向量机等，已经能让我们取得足够的准确度，还能及时地更新模型，以更快的速度响应，大多数情况下这些就是用户所期望的。这也是深度学习并未在商界广泛应用的原因。当然，在任何领域，精确度都是越高越好，不过在现实生产中，我们需要在更高的精确度与恰当的计算时间之间做权衡。虽然深度学习在学术界举足轻重，实际生产应用还面临着很多的障碍。

此外，深度学习算法也并非完美，它们的模型自身也需要大量改进。譬如，正如我们之前提到，虽然 RNN 发明了诸如 LSTM 这样的技术，它仍然只适用于解决如何将历史信息映射回网络，或者如何获取精度这样的问题。另外，深度学习离真正的人工智能还很遥远，虽然与过往的算法比较起来，它已经是非常伟大的技术了。这一算法领域的研究依然如火如荼，不过与此同时，我们需要考虑如何突破现状，将深度学习推广得更广泛的社会领域。然而，可能这并非模型的问题。深度学习突然变成热议的话题在很大程度上是由于硬件和软件的迅猛发展。深度学习的出现与周边技术的发展密切相关。

正如前文所提到的那样，深度学习真正广泛应用于现实世界依旧存在大量的尚未解决的障碍，不过这并非不可达成的目标。我们不太可能一夜之间就创造出人工智能，达到技术奇点，不过在某些领域，深度学习的某些方法能够迅速地应用于实际。接下来的一节，我们会讨论深度学习能够应用于什么样的行业。我们希望，这些介绍可以帮助你将这些新兴技术带入到你的业务或者研究领域中。

6.3 最大化深度学习概率和能力的方法

将深度学习推广到更多行业有几种方法。虽然依据需要完成的任务或目标不同，应用的实施方法也各有不同，我们还是可以将这些方法划分为三类，分别是：

- 面向领域的方法：这种方法要求深度学习算法或者模型已经进行过深入透彻的研究，可以取得非常好的效果。
- 面向分解的方法：这种方式将要解决的问题抽象替换为深度学习能够解决的另一个问题，对这样的问题应用深度学习。
- 面向输出的方法：这种方法试图通过一种新的方式帮助我们解读深度学习的输出。

所有这些方法都会在接下来的内容中详细介绍。每种方法都会进行对应划分，譬如它最适合的或者它不适合的行业或者领域，这些信息对于将来利用深度学习的活动的你都是极其有用的。有些领域很少有深度学习使用的例子而且有使用上的偏见，不过这也意味着那里存在着大量创新的机会和可能。最近已经有不少利用深度学习的初创公司出现，其中的一些已经取得了一定的成功。如果你有好的想法，就有可能对这个世界产生重大的影响。

6.3.1 面向领域的方法

这种方法不需要新的技术或者算法。很显然，有些领域天生就适合目前的深度学习技术，提出这一概念的目的是要找到或者划分出这些适合的领域。正如前文介绍的，深度学习算法的研究及开发最主要的领域是图像识别及自然语言处理，我们将一起探讨哪些领域能够顺利地对接这些技术。

医学

医学是深度学习应该着重开拓的一个领域。通过扫描图像，我们可以检测出肿瘤或者癌症。这刚好充分发挥了深度学习的强项之一——图像识别技术。对早期的疾病检测数据应用深度学习，可以显著增加预测的精确度，及早确诊病人所患的是何种病症。由于卷积神经网络 CNN 能应用于三维图像，所以对三维扫描图像的处理也相对容易。综上所述，将深度学习应用于当前的医学领域，它的贡献将不可限量。

我们甚至还可以这么说，深度学习对于未来医学的发展将裨益良多。医学领域一直受到严格的规范，然而，在一些国家，这种限制正逐渐弱化，这可能是由于信息技术的发展及其所展现的潜能。因此，商业上的医学和信息技术存在很大的发展潜能，它们的结合将呈现巨大的协调效应。譬如，如果远程医疗能够进一步推广，我们完全可能通过一张扫描图片诊断或者确诊某种疾病，甚至通过实时查看显示屏上的某幅图片进行诊断。此外，如果电子表格的应用更加普世，使用深度学习分析医学数据将变得更为简单。这是因为医疗记录都是文本或者图像这类与深度学习兼容性好的数据集。这样，通过深度学习，未知疾病的症状就能被挖掘出来。

自动驾驶

我们可以这么说，行驶中的汽车，它周边都是图像序列和文字。车窗外别的汽车和风景是图像，路标是文字。这意味着，我们也可以将深度学习应用于此，通过它改进辅助驾驶功能，降低事故发生的危险。可以这么说辅助驾驶的终极目标是自动驾驶汽车，目前专注于这个领域的公司主要是谷歌和特斯拉。这有一个非常著名，同时又充满传奇色彩的故事，破解 iphone 的第一人乔治·霍兹在他自己的车库里打造了第一辆自动驾驶汽车。这辆车首次亮相于彭博商业的一篇报道中（http://www.bloomberg.com/features/2015-george-hotz-self-driving-car/），下面这幅图就出自当时的那篇文章：

自动驾驶已经在美国进行测试，不过，由于各个国家的交通法规和道路情况大相径庭，这一想法还需要进一步的研究和开发，自动驾驶的全球普及还需要一段时间。要实现这一目标最关键的技术就是要辨别周围的车辆、人、周遭的环境，以及交通指示信号，并作出恰当的判断。

与此同时，我们也不应该只专注于对汽车主体应用深度学习。将来的某一天，我们可能开发个手机应用就能实现刚才所描述的同样功能，即，它可以识别和分类周围的图像和文字。这样一来，只需要在你的车里设置好智能手机，它就可以为汽车进行导航。除此之外，它甚至还可以作为视障人士导航的应用，为他们提供优质、可靠的方向指引。

广告技术

广告或者广告技术可以通过深度学习拓展其领域。我们这里提到的广告技术，主要指的是推荐系统，或者广告网络，帮助优化展示的广告横幅或者产品。另一方面，提到广告时，又不仅仅是广告横幅或者广告网络。依据展示媒体的类型不同，现实世界存在各种各样的广告，譬如电视广告、广播广告、报纸广告、海报、传单等。此外，我们还有 YouTube、Vine、Facebook、Twitter、Snapchat 等数字广告阵营。广告自身也在改变着自身的定义和内容，不过所有的广告都有一点是共通的：他们都是由图像和（或）语言组成的。这意味着它们也是深度学习擅长的领域。截至目前，我们仅仅使用了基于用户行为的指标，譬如页面浏览量（PV）、点击率（CTR）以及转化率（CVR）来估算广告的效果，不过如果能够在广告领域应用深度学习技术，我们有可能对广告实际内容进行分析，并自动生成优化的广告。尤其吸引人的一点是，利用图像识别、自然语言处理、视频识别（并非单纯的图像识别）将有能力对电影和视频进行分析，这将带领包括广告技术在内的领域迈向新的高度。

专业或实践

医生、律师、专利律师、会计都被认为是深度学习有可能取代的职业。如果自然语言处理的准确率和精确率足够高，任何需要精细阅读的专业岗位都可能由机器来完成。机器承担这些耗时的阅读任务之后，人可以将精力投入到更高附加值的事务上。此外，如果机器能够对以往的司法案件或者哪些症状会导致什么疾病这样的医疗案例进行分类，我们完全有可能构造一个类似苹果公司 Siri 那样的系统，回答需要专业人士才能回答的简单的问题。当医生或者律师过于繁忙，无法及时回应时，一定程度上可以由机器来回答这些以往需要专业人士才能搞定的问题。

经常有人说人工智能夺走了人的工作机会，不过，从我个人的角度看，这并非事实。机器只是拿走了那些枯燥繁琐的工作，而这将更好地支持人的工作。人工智能领域的软件工程师所从事的也属于专业性的工作，这些工作将来也会发生变化。我们可以回想一下汽车行业的变化，现在汽车行业已经用机器替代人生产标准化的汽车，不过依然需要人的岗位，譬如 F1 赛车的维修人员，工程师未来的岗位也类似。

运动

当然，深度学习也会给运动领域带来变化。在运动科学领域，分析和检视运动数据变得越来越重要。举个例子，你可能听说过名为《点球成金》的书或者电影。这部电影中，人们在棒球训练中应用回归模型，极大地提升了球队的胜率。观看比赛是非常激动人心的，不过，比赛从另一方面可以看成图像序列或数据组成集合。由于深度学习擅长发现人类无法发现的特征，它可以帮助我们更容易地发现为什么某些运动员擅长得分，而另一些表现不佳。

深度学习在诸多领域都有巨大的发展潜力，我们刚才提到的这些仅仅是其中的一小部分。刚才分析的行业选择都是从该领域是否有图像处理或者文字处理的需求出发，不过深度学习在普通数字数据分析上也显示了非常好的效果。我们完全有可能将深度学习推广的更多的行业，譬如生物信息、金融、农业、化工、航天技术、经济等。

6.3.2　面向分解的方法

这种方法与经典机器学习算法采用的方法有些类似。前面已经介绍过，特征工程是机器学习中提高预测精确度的关键因素。在此，我们将特征工程划分为以下两个部分：

- 受制于机器学习模型的工程。典型的场景是将输入离散化或者连续化。
- 通过机器学习提升预测精确度的特征工程。这往往取决于研究者的直觉。

狭义而言，通常意义上我们提到特征工程都是指第二类，这一部分深度学习无需特别关注，而第一部分，对深度学习而言则极其重要。譬如，用深度学习很难对股票进行预测。股票价格变幻莫测，很难定义其输入数据是什么。如何应用输出值也是个难题。广义而言，用深度学习处理这些输入输出也可以算特征工程的范畴。如果对原始数据和（或）要预测的数据没有任何限制，我们很难用机器学习和深度学习（包括神经网络）来处理这些数据。

然而，如果对输入和（或）输出进行分解，我们可以通过某些方法，将模型应用于这些先前的问题。前文我们提到，对自然语言处理而言，一来就选择用不含数字的单词作特征是不合理的，这一点你大概也已经意识到，不过你应该也知道，我们可以使用稀疏向量结合 N 元语法表示单词，用前向反馈神经网络进行训练。当然，我们不仅可以使用神经网络，还可以使用别的机器学习算法，譬如这里可以使用支持向量机。我们可以通过工程方法调整特征，使其适合深度学习模型，这样就能将深度学习推广到尚未应用深度学习的领域。与此同时，聚焦自然语言处理时会发现，递归神经网络 RNN 和长短期记忆网络 LSTM 都是为了解决自然语言处理中面临的难题或任务而研发的。这种方式刚好与特征工程相反，因为这种情况下，问题的解决着眼于裁剪模型以适应特征。

那么，怎么通过刚才介绍的方式，用工程方法解决股价预测的问题呢？事实上这并没那么困难，如果从输入，即特征的角度考虑。譬如，如果用每天的股价作为特征，预测每天的股价，这将是非常困难的，不过，如果用当天与前一天的股价变化率作为特征，这就容易多了，因为股价通常在一定的范围内波动，不太容易发生爆炸式的突变。与此同时，真正的困难是如何处理输出。股价当然是连续的值，因此输出可能是一系列变化的值。这意味着神经网络模型无法处理这样的问题，因为神经网络模型中输出层的单元数是固定的。至此，我们该如何应对呢？就这么放弃吗?! 当然不能，再思考下。不幸的是，我们无法预测股价自身，不过的确存在另一种预测方法。

这里的问题是，我们对需要股价进行分类时，存在无穷无尽的模式。那么，我们可以将它设置为有限的模式吗？当然，我们可以这么做。让我们强制设定这样的规则。一个最极端不过比较容易理解的用例是：假设你需要使用截至目前的股价预测明天的股价，严格预测明天股票的收盘价是涨还是跌。对于这个例子，我们可以使用深度学习模型表示如下：

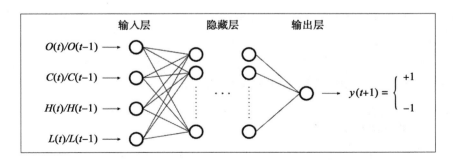

上图中，$O(t)$ 表示当天 t 的开盘价、$C(t)$ 表示收盘价、$H(t)$ 表示当日最高股价、

$L(t)$ 是实际股价。这里使用的特征仅仅是实例，应用于实际时还需要进一步地调优。介绍这个例子的目的是想说明将原始任务替换为这种类型的问题理论上可以解决用深度神经网络分类数据的问题。如果你希望对数据做更进一步地分类，预测股价会涨多少或者跌多少，可以尝试创建更详细的预测分类。譬如，可以像下面这张表所示那样对数据进行分类：

类别	描　述
1 类	比昨日收盘价上涨超过 3%
2 类	跟昨日收盘价相比，涨幅介于 1 ~ 3%
3 类	跟昨日收盘价相比，涨幅介于 0 ~ 1%
4 类	跟昨日收盘价相比，跌幅介于 Q ~ 1%
5 类	跟昨日收盘价相比，跌幅介于 1 ~ 3%
6 类	跟昨日收盘价相比，跌幅超过 3%

这些预测准确吗，换句话说，这些分类是否按我们想象那样工作在实际执行之前都是未知的，不过，如果我们可以将输出划分到多个类中，预测股价的波动区间会更小。一旦我们能够使任务适配神经网络，接下来我们需要做的就仅仅是考察模型能否提供更好的预测结果。这里例子中，我们也许可以应用递归神经网络 RNN，因为股价是时序数据。如果记录股价的图表是以图像数据的形式呈现，我们还可以使用卷积神经网络 CNN 来预测未来的股价。

我们已经通过实例介绍了这种方法，总结起来，可以说：

- 针对模型的特征工程：这种方式通过设计输入，或者调整输入的值来适配深度学习模型，或者通过限制输出使基于深度学习的分类成为可能。
- 针对特征的模型工程：这种方式通过定制新的神经网络模型或算法来解决某个领域的问题。

第一种方法需要对输入、输出适应模型，而第二种方法需要需要从数学方法来构造。如果有意识地将预测问题转化为有限的分类问题，特征工程更容易上手。

6.3.3　面向输出的方法

前面提到的两种方法，其目的都是利用深度学习增加回答某个领域问题（任务）的正确率。当然，这部分非常重要，它证明了深度学习的价值；然而，竭尽可能地提升预测精确度可能并非深度学习唯一的使用目的。另一种方式是以不同的视角，利用深度学习定制输出。我们接下来会解释这到底是什么意思。

深度学习受到人工智能研究人员和技术专家的热捧，它的确是一种创新的方法，不过世人对它的巨大能力了解并不多。与此相反，人们过度关注于哪些事机器无法做到。譬如，人们并不关心卷积神经网络 CNN 可在 MNIST 测试数据中图像识别错误率小于人类，与此相反，他们抱怨机器无法完美地识别图像。这可能因为人们听到和想象到的人工智能，有更高的期待。我们需要调整这种心态。举例来说，日本的国民代表形象——卡通人物哆啦 A 梦就是个高智能，具备人工智能的机器人，不过他也经常犯低级愚蠢的错误。我们会批评他吗？没有，我们只是笑笑就放诸脑后，或者把它当成个笑话，并不会严格对待。类似地，想想电影《钢铁侠》中的机器手臂 DUMMY/DUM-E。它也具备人工智能，不过依旧会愚蠢的错误。看吧，这些机器人犯了错误，不过我们依旧喜爱他们。

同样，我们最好强调机器也会犯错误。改变深度学习的用户接口表达，比起一门心思专研算法，可能更容易促使人们接受人工智能。谁知道呢？由新领域迸发出的创造性想法，而不是单纯地从精确度出发，更容易引起人们的关注。谷歌的深度梦境（Deep Dream）就是一个很好的例子。一旦艺术或设计能与深度学习协作起来，我们一定能做更多更激动人心的事情。

6.4　小结

通过本章，你学习了如何在实际应用中使用深度学习。图像识别和自然语言处理是深度学习研究比较成熟的领域。学习自然语言处理时，我们介绍了两种新的深度学习模型：分别是递归神经网络 RNN 以及长短期记忆网络 LSTM，这些方法可以用于训练时序数据。这些模型所使用的训练算法是 BPTT。你应该还了解了三种可以提升深度学习应用的方式，分别是：面向领域的方法、面向分解的方法以及面向输出的方法。每种方法都有不同的视角，可以帮助我们最大化深度学习的潜能。

此外，还要恭喜你！你已经完成了 Java 深度学习部分的内容。虽然还有很多的模型我们并未在本书中提及，凭借现有的知识，你一定能轻松地学习并掌握它们，将其利用到工作中。接下来的一章，我们会介绍以其他编程语言实现的另一些库函数，所以放轻松，看看其他库都提供了些什么。

CHAPTER 7

第 7 章

其他重要的深度学习库

在本章中，我们将讨论其他深度学习库，特别是非 Java 语言类型。下面是最著名的三个成熟的深度学习库：

- Theano。
- TensorFlow。
- Caffe。

你将概要了解一些库。如果你不是 python 程序员，可以直接跳过此章，因为我们将主要使用 python 来实现相关例子。本章中介绍的库都支持 GPU 实现。当然，还有更多特性，需要我们一起去深入了解。

7.1 Theano

Theano（http://deeplearning.net/software/theano/）是为深度学习而设计的，但是它实际上并不是深度学习库，而是科学计算的 python 库。在 Theano 官网上，介绍了关于它的很多特点，包括支持 GPU，但是最亮眼的特点是支持自动微分法（Computational Differentiation or Automatic Differentiation），这是 Java 科学计算库 ND4J 不支持的功能。这意味着 Theano 程序员不需要自己去计算模型参数的梯度，而 Theano 自动实现此功能。因此，Theano 完成了常规算法中最复杂的部分，使得数学模型的实现变得简单些。

我们先了解一下 Theano 是如何计算梯度的。首先，我们需要在计算机上安装 Theano，安装命令可以使用：pip install Theano 或 easy_install Theano。安装完成后，用如下命令导入和使用 Theano：

```
import theano
import theano.tensor as T
```

在 Theano 中，所有变量都被处理为张量（Tensor），比如：scalar，vector 和 matrix，d 表示 double，l 表示 long 等。泛型函数如 sin，cos，log 和 exp 也都在 theano. tensor 类下定义。因此，如上命令中，我们经常将用 T 作为别名表示张量。

首先，我们以一个简单的抛物线曲线为例，简要介绍 Theano 实现。这个实现保存在：DLWJ/src/resources/theano/1_1_parabola_scalar. py 以便参考。首先，我们定义 x 如下：

```
x = T.dscalar('x')
```

这个定义在 python 中是唯一的，因为 x 还没有一个具体值，它只是一个符号。在这种情况下，x 是 double 型的 scalar。接着，我们直观地定义 y 和它的梯度，定义如下：

```
y = x ** 2
dy = T.grad(y, x)
```

所以，dy 应该是 2x。我们可以检验一下是否得到了正确答案。为此，还需要用 Theano 注册一个数学函数：

```
f = theano.function([x], dy)
```

然后，就可以很容易地计算出梯度值：

```
print f(1)  # => 2.0
print f(2)  # => 4.0
```

非常简单！这就是 Theano 的威力。如果有一个 scalar x，那你也可以很容易实现 vector 和 matrix 计算，只需要将 x 定义为：

```
x = T.dvector('x')
y = T.sum(x ** 2)
```

我们就不继续展开细节了，你可以参考完整的代码（DLWJ/src/resources/theano/1_2_parabola_vector. py 和 DLWJ/src/resources/theano/1_3_parabola_matrix. py.）

如果我们考虑用 theano 来实现深度学习算法的时候，在 GitHub 的 Deep Learning Tutorials（https://github. com/lisa-lab/DeepLearningTutorials）中有很好的例子。在本章中，我们将介绍标准 MLP 实现的概况，以此进一步深入了解 Theano。作为快照

（Snapshot）的分支库在：https://github.com/yusugomori/DeepLearningTutorials。首先，我们看一下 mlp. py，隐藏层的模型参数是权重（Weight）和偏差（Bias）：

```
W = theano.shared(value=W_values, name='W', borrow=True)
b = theano.shared(value=b_values, name='b', borrow=True)
```

如上两个参数都定义在 theano. shared，以便通过模型访问与更新。激活函数可以表示为：

$$z = h(Wx + b)$$

在代码中，这个激活函数是双曲正切（Hyperbolic Tangent）。因此，相应的代码可以写成如下：

```
lin_output = T.dot(input, self.W) + self.b
self.output = (
    lin_output if activation is None
    else activation(lin_output)
)
```

如上，线性激活也支持。同样，如输出层（Output Layer）的参数 W 和 b，逻辑回归（Logistic Regression）定义及初始化在 logistic_sgd. py：

```
logistic_sgd.py:
    self.W = theano.shared(
        value=numpy.zeros(
            (n_in, n_out),
            dtype=theano.config.floatX
        ),
        name='W',
        borrow=True
    )

    self.b = theano.shared(
        value=numpy.zeros(
            (n_out,),
            dtype=theano.config.floatX
        ),
        name='b',
        borrow=True
    )
```

这个多类逻辑回归（Multi-Class Logistic Regression）的激活函数就是 softmax 函数，可以实现如下：

```
self.p_y_given_x = T.nnet.softmax(T.dot(input, self.W) + self.b)
```

我们可以实现预测值（Predicted Values）如下：

```
self.y_pred = T.argmax(self.p_y_given_x, axis=1)
```

以训练而言，反向传播（Backpropagation）算法的公式就是从计算损失函数（Loss Function）和梯度开始。而我们需要定义最小化的函数，即是负对数似然函数：

```
def negative_log_likelihood(self, y):
    return -T.mean(T.log(self.p_y_given_x)[T.arange(y.shape[0]),
y])
```

如上的均值（Mean Values），不是累计和，是根据 mini-batch 的估值计算的。有了这些前面的值和定义，我们就能实现 MLP。在此，我们只需要定义 MLP 方程和符号，如下是部分代码：

```
class MLP(object):
    def __init__(self, rng, input, n_in, n_hidden, n_out):
        # self.hiddenLayer = HiddenLayer(...)
        # self.logRegressionLayer = LogisticRegression(...)

        # L1 norm
        self.L1 = (
            abs(self.hiddenLayer.W).sum()
            + abs(self.logRegressionLayer.W).sum()
        )

        # square of L2 norm
        self.L2_sqr = (
            (self.hiddenLayer.W ** 2).sum()
            + (self.logRegressionLayer.W ** 2).sum()
        )

        # negative log likelihood of MLP
self.negative_log_likelihood = (
    self.logRegressionLayer.negative_log_likelihood
)
# the parameters of the model
self.params = self.hiddenLayer.params +
self.logRegressionLayer.params
```

然后，你就可以构建并训练模型了。我们可以看一下代码 test_mlp()。只要你加载了数据和构造了 MLP，你就可以通过定义代价函数（cost function）来评估模型：

```
cost = (
    classifier.negative_log_likelihood(y)
    + L1_reg * classifier.L1
    + L2_reg * classifier.L2_sqr
)
```

你只需要一行代码，就可以得到模型参数的梯度：

```
gparams = [T.grad(cost, param) for param in classifier.params]
```

下面是参数更新的公式：

```
updates = [
    (param, param - learning_rate * gparam)
    for param, gparam in zip(classifier.params, gparams)
]
```

第一个括号中的代码是如下等式：

$$\theta \leftarrow \theta - \eta \frac{\partial L}{\partial \theta}$$

最后，定义一下实际的训练函数：

```
train_model = theano.function(
    inputs=[index],
    outputs=cost,
    updates=updates,
    givens={
        x: train_set_x[index * batch_size: (index + 1) *
        batch_size],
        y: train_set_y[index * batch_size: (index + 1) *
        batch_size]
    }
)
```

每个有索引的输入和标签都对应于 given 中的 x，y，所以只要 index 已知，updates 就可以更新参数了。因此，我们以训练次数和 mini-batch 的迭代方式训练这个模型：

```
while (epoch < n_epochs) and (not done_looping):
    epoch = epoch + 1
        for minibatch_index in xrange(n_train_batches):
            minibatch_avg_cost = train_model(minibatch_index)
```

原始的代码中还有测试和验证的部分，而这里只涉及最基本的结构。使用 Theano，梯度公式将不再需要推导了。

7.2　TensorFlow

　　TensorFlow 是 Google 开发的机器学习和深度学习的程序库。项目网站在 https://www.tensorflow.org/，所有的代码全部开源在 GitHub 上：https://github.com/tensorflow/tensorflow。TensorFlow 本身是 C++语言实现的，但是同时提供了 Python 和 C++ API。本书中，我们侧重于 Python 实现的介绍。TensorFlow 的安装可以通过 pip，virtualenv 或 Docker，安装指导在 https://www.tensorflow.org/versions/master/get_started/os_setup.html。安装成功后，你可以用如下命令导入 TensorFlow 库：

```
import tensorflow as tf
```

　　TensorFlow 建议分三部分实现深度学习的代码：

- inference()：定义模型结构，根据输入数据进行预测。
- loss()：返回优化需要的误差值。
- training()：通过计算梯度应用实际训练算法。

　　我们将遵从如上设计指导原则。有一个为初学者的 MNIST 分类教程在：https://www.tensorflow.org/versions/master/tutorials/mnist/beginners/index.html；同时，该教程的代码在：DLWJ/src/resources/tensorflow/1_1_mnist_simple.py。这里，我们简化了此教程中的代码，所有代码在：DLWJ/src/resources/tensorflow/1_2_mnist.py。

　　首先，我们需要获取 MNIST 数据。幸运的是，TensorFlow 提供了获取 MNIST 数据的代码：https://github.com/tensorflow/tensorflow/blob/master/tensorflow/examples/tutorials/mnist/input_data.py，我们只需要把此代码复制到相同的目录里。然后，导入数据按照如下代码：

```
import input_data
```

　　使用如下代码导入 MNIST 数据：

```
mnist = input_data.read_data_sets("MNIST_data/", one_hot=True)
```

　　与 Theano 类似，我们定义一个没有初始值的变量，标识为占位符（Placeholder）：

```
x_placeholder = tf.placeholder("float", [None, 784])
label_placeholder = tf.placeholder("float", [None, 10])
```

这里，784 表示输入层的单元数，而 10 表示输出层的单元数。我们之所以这样设计，是因为在占位符中的数值是随着 mini-batch 变化而变化的。我们定义了占位符之后，就可以进行模型设计和训练了。我们在 inference( ) 中，用非线性函数 softmax 作为激活函数：

```
def inference(x_placeholder):

    W = tf.Variable(tf.zeros([784, 10]))
    b = tf.Variable(tf.zeros([10]))

    y = tf.nn.softmax(tf.matmul(x_placeholder, W) + b)

    return y
```

这里，W 和 b 都是模型参数。而损失函数（Loss Function）即 cross_entropy 函数定义在 loss( ) 函数中：

```
def loss(y, label_placeholder):
    cross_entropy = - tf.reduce_sum(label_placeholder * tf.log(y))

    return cross_entropy
```

定义完成 inference( ) 和 loss( )，我们可以写如下代码来训练模型：

```
def training(loss):
    train_step =
    tf.train.GradientDescentOptimizer(0.01).minimize(loss)

    return train_step
```

GradientDescentOptimizer( ) 实现了梯度下降（Gradient Descent）算法。但是请注意，这个方法只是定义了训练方法，并没实际执行。TensorFlow 也支持 AdagradOptimizer( )，MemontumOptimizer( ) 和其他主要优化算法。

代码和方法像之前说明的那样定义模型。为了执行实际的训练，你需要初始化 TensorFlow 的会话（Session）：

```
init = tf.initialize_all_variables()
sess.run(init)
```

然后，我们用 mini-batches 训练模型。所有 mini-batch 数据都存储到 feed_dict，然后在 sess.run 中使用：

```
for i in range(1000):
    batch_xs, batch_ys = mnist.train.next_batch(100)
    feed_dict = {x_placeholder: batch_xs, label_placeholder:
    batch_ys}

    sess.run(train_step, feed_dict=feed_dict)
```

这就是模型训练的代码，是不是很简单？你可以键入如下代码来显示结果：

```
def res(y, label_placeholder, feed_dict):
    correct_prediction = tf.equal(
        tf.argmax(y, 1), tf.argmax(label_placeholder, 1)
    )

    accuracy = tf.reduce_mean(
        tf.cast(correct_prediction, "float")
    )

    print sess.run(accuracy, feed_dict=feed_dict)
```

TensorFlow 实现深度学习既简单又实用。而且，它还有另一个强大的功能 TensorBoard，支持深度学习的可视化。你只需要增加几行代码到如上的代码片段，就可以使用 TensorBoard 了。

首先，我们了解一下模型如何可视化，代码在：DLWJ/src/resources/tensorflow/1_3 _mnist_TensorBoard. py，直接运行。当运行了程序之后，键入命令如下：

```
$ tensorboard --logdir=<ABOSOLUTE_PATH>/data
```

这里，＜ABSOLUTE_PATH＞表示程序的绝对路径。如果在浏览器中输入 http：// localhost：6006／，可以看到如下页面：

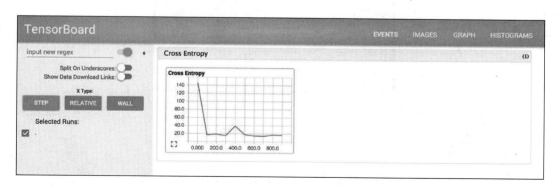

这里显示了 cross_entropy 的数值变化过程。当点击在栏表头菜单中 GRAPH 的时

候，可以看到模型的可视化效果：

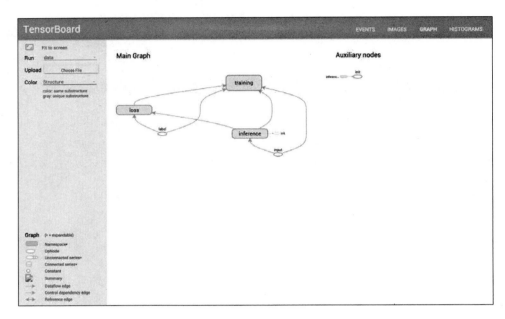

当点击 inference 时候，可以看到模型结构：

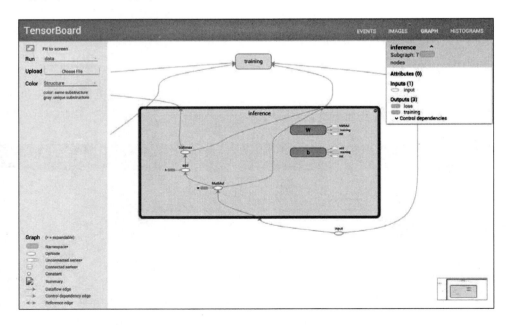

现在了解一下内部代码。为了可视化效果，你需要用 with tf. Graph( ). as_default( )定义整个区域的范围，以便范围内所有变量都可以在图中显示。显示名称可以按照如下定义：

```
x_placeholder = tf.placeholder("float", [None, 784], name="input")
label_placeholder = tf.placeholder("float", [None, 10],
name="label")
```

定义其他范围将在图上显示出新的节点，这是图中的分叉，inference( )、loss( ) 和 training( ) 展示了它们的真实值。你可以定义自己的范围而不失可读性：

```
def inference(x_placeholder):
    with tf.name_scope('inference') as scope:
        W = tf.Variable(tf.zeros([784, 10]), name="W")
        b = tf.Variable(tf.zeros([10]), name="b")

        y = tf.nn.softmax(tf.matmul(x_placeholder, W) + b)
    return y

def loss(y, label_placeholder):
    with tf.name_scope('loss') as scope:
        cross_entropy = - tf.reduce_sum(label_placeholder *
        tf.log(y))

        tf.scalar_summary("Cross Entropy", cross_entropy)

    return cross_entropy

def training(loss):
    with tf.name_scope('training') as scope:
        train_step =
        tf.train.GradientDescentOptimizer(0.01).minimize(loss)

    return train_step
```

在 loss( )中的 tf. scalar_summary( )将变量显示在 EVENTS 菜单中。为了可视化，需要如下代码：

```
summary_step = tf.merge_all_summaries()
init = tf.initialize_all_variables()

summary_writer = tf.train.SummaryWriter('data',
graph_def=sess.graph_def)
```

然后，加入如下代码处理变量：

```
summary = sess.run(summary_step, feed_dict=feed_dict)
summary_writer.add_summary(summary, i)
```

当使用更复杂的模型时候，可视化的特征将会更有用。

7.3　Caffe

Caffe 是以速度著称的深度学习库，官方项目在：http://caffe. berkeleyvision. org/，代码在 GitHub：https://github. com/BVLC/caffe。与 TensorFlow 类似，Caffe 主要是用 C ++ 开发的；同时，它提供了 Python 和 MATLAB API。另外，Caffe 最独特的优势是，你不需要任何编程经验，只需要写配置问题或协议文件（. prototxt），就可以做深度学习的实验和研究。这里，我们集中了基于协议的方式。

Caffe 是一个能快速建模、训练和测试的非常强大的库。然而，安装 Caffe 却比较复杂，请参考安装指南：http://caffe. berkeleyvision. org/installation. html。注意，安装 Caffe 之前，需要安装如下程序库：

- CUDA。
- BLAS（ATLAS, MKL, or OpenBLAS）。
- OpenCV。
- Boost。
- 其他的：snappy, leveldb, gflags, glog, szip, lmdb, protobuf, and hdf5。

之后，克隆 GitHub 的 Caffe 代码，参考 Makefile. config. example 文件建立自己的 Makefile. config 文件。在运行 make 命令之前，你需要安装 Python 版的 Anaconda，下载地址：https://www. continuum. io/downloads。当运行 make，make test 和 make runtest 命令（你可能想使用-jN 选项来提供速度，例如 make-j4 或 make-j8）通过测试之后，你将见识到 Caffe 的威力。那么，我们先看个例子。在之前克隆资料库的路径 $ CAFFE_ROOT 下，键入如下命令：

```
$ ./data/mnist/get_mnist.sh
$ ./examples/mnist/train_lenet.sh
```

这是用 CNN 解决标准的 MNIST 分类问题的全面内容。那么，发生什么了呢？当可以看到 train_lenet. sh：

```
#!/usr/bin/env sh

./build/tools/caffe train --solver=examples/mnist/lenet_solver.
prototxt
```

如上就是执行 lenet_solver. prototxt 协议参数的 caffe 命令。这个协议文件配置了模型超参数（Hyper Parameters），例如学习速率（Learning Rate）和动量（Momentum）。同时，这个文件还引用了网络配置文件，例如 lenet_train_test. prototxt。你可以定义 JSON-like 描述的每一层：

```
layer {
  name: "conv1"
  type: "Convolution"
  bottom: "data"
  top: "conv1"
  param {
    lr_mult: 1
  }
  param {
    lr_mult: 2
  }
  convolution_param {
    num_output: 20
    kernel_size: 5
    stride: 1
    weight_filler {
      type: "xavier"
    }
    bias_filler {
      type: "constant"
    }
  }
}
```

因此，协议文件基本上分为两个部分：

- Net：定义模型结构细节和神经网络各层描述。
- Solver：定义优化配置，例如 CPU/GPU 的使用，迭代次数和模型的超参数像是学习效率等。

当你主要应用深度学习技术到大数据集的时候，Caffe 将是一个利器。

7.4 小结

在本章中，你已经了解到分别用 Theano、TensorFlow 和 Caffe 实现深度学习算法和模型。

这三种程序库都是各有特色和实用价值。当然，你也可以对其他库或框架感兴趣，例如：*Chainer*（http://chainer. org/），*Torch*（http://torch. ch/），*Pylearn*2（http://deeplearning. net/software/pylearn2/），*Nervana*（http://neon. nervanasys. com/）等等。当你实际地考虑使用提到的深度学习库构建应用（Application）时，你可以参考一些基准测试集（Benchmark tests）：（https://github. com/soumith/convnet-benchmarks and https://github. com/soumith/convnet-benchmarks/issues/66）。

本书通篇介绍机器学习和深度学习的基础理论和算法，以及如何应用到研究和产业中去。通过学习到的知识和技巧，你可以应付各种面临的问题。虽然你还需要更多的实践去实现人工智能，但是现在有最好的机遇创造未来了。

第 **8** 章

未 来 展 望

在前面章节中，我们学习了深度学习的概念、理论和实现及其相关库的使用。

那么，你现在已经了解了深度学习的基本手段。但是，深度学习发展迅速，新的模型也不断涌现。关于人工智能或深度学习的新闻也层出不穷。好在你掌握了基本手段之后，学习人工智能或深度学习未来新的技术就会比较快。为此，本章会跳过技术细节，重点讨论人工智能和深度学习的未来和发展。本章主要围绕如下几个主题来讨论：

- 深度学习的业界热点。
- 人工智能技术管理。
- 深度学习进阶学习。

关于最后的主题，为了方便大家深入学习，我们将推荐一个深度学习网站。当然，你可以预见未来可能出现的技术或利用你所学到的技术进行创新，而不是追随已经出现的人工智能的发展。

8.1 深度学习的爆炸新闻

深度学习引发了人工智能热潮，并且持续不断地发展。我们每天都可以看到相关报道。就如在第 6 章我们讨论的，许多研究者在图像识别和自然语言处理等领域竞争。当然，深度学习的应用范围远不止这两个领域，也会应用到其他领域，我们不时会看到各种令人兴奋的应用成果。

在 2016 年 3 月，"AlphaGo 战胜李世石"这个事件令整个围棋界为之震惊（围棋是一种博弈领地的双人棋盘游戏）。这不止让围棋选手倍感震撼，也是让整个世界为之一惊："人工智能在围棋上打败了人类"。而 Google 收购的一家叫 DeepMind（https://deepmind.com/）公司开发了这个智能的围棋对弈程序，即 AlphaGo。在 2016 年 3 月 Google's DeepMind 的 AlphaGo 与李世石在五番棋挑战赛中以 4：1 的成绩获得胜利。每场比赛都通过 YouTube 实况转播，许多人实时观看了这些比赛。如果你错过了你可以通过 YouTube 观看这五场比赛：

- 第一场：https://www.youtube.com/watch? v = vFr3K2DORc8
- 第二场：https://www.youtube.com/watch? v = l – GsfyVCBu0
- 第三场：https://www.youtube.com/watch? v = qUAmTYHEyM8
- 第四场：https://www.youtube.com/watch? v = yCALyQRN3hw
- 第五场：https://www.youtube.com/watch? v = mzpW10DPHeQ

在这五场比赛中，3 月 1 日那场特别引人关注，相关网页到达了 135 百万的浏览量。同时，人们也非常关注 3 月 4 日那场比赛，那是李世石获胜的唯一一场比赛。下面是 3 月 1 日比赛的现场画面：

AlphaGo 打败李世石的瞬间（https://www.youtube.com/watch? v = vFr3K2DORc8）

在那一刻，不只是人工智能研究人员为之兴奋，甚至整个世界为 AlphaGo 疯狂。可是，为什么人们会如此关注呢？举另一个例子，1997 年 IBM 的深蓝（Deep Blue）打败国际象棋冠军，当时也是轰动一时。但是，既然不是第一次机器战胜人类，为什么

AlphaGo 赢了李世石会让人们如此震惊呢？原因在于，国际象棋和围棋在策略的复杂度上有很大差别，围棋的复杂度远远超过国际象棋。下面我们将比较国际象棋、日本将棋和围棋三者的策略的可能数量。

- 国际象棋：10 120
- 日本将棋：10 220
- 围棋：10 360

只要看一下上述数字，你就可以想象到围棋是多复杂，需要巨大的计算量才能完成。

为此，直到现在，人们仍然认为 AlphaGo 不可能战胜人类，也许 100 年或 200 年以后才可以，因为计算机不可能在很短的时间中计算出围棋的高招。然而现在，事实就是事实，就在这几年，机器战胜了人类。根据 Google research 披露，早在 DeepMind 挑战赛前一个半月，AlphaGo 在预测围棋下法方面，就达到 57% 的准确率（http://googleresearch. blogspot. jp/2016/01/alphago-mastering-ancient-game-of-go. html）。事实上，机器能打败人就已经很令人震惊了，但是机器可以在有限的时间内，掌握到围棋的策略更令人瞠目结舌。DeepMind 应用深层神经网络结合蒙特卡洛搜索树（MCTS，Monte Carlo Tree Search）与增强学习（Reinforcement Learning）技术来设计 AlphaGo，从中也彰显了深度神经网络算法应用之广。

8.2 下一步的展望

自从 AlphaGo 的新闻被媒体刊登之后，"人工智能"热潮继续被推进。你也许注意到，"深度学习"这个词经常被媒体谈及，人们对人工智能的期望因此而大大提升。最有趣的是，深度学习本是技术词汇，现在却在日常新闻中广泛使用。你会发现人工智能的形象也在改变。可能几年前人们谈起人工智能的时候，想到的是一个具体的机器人，而如今呢？现在，人工智能经常不经意地指向的是软件或应用程序，这样的印象被司空见惯地接受。这个迹象表明，世界已经开始了解人工智能，这将有利于其正确研究发展。如果一种技术处于错误的发展方向，那么它必将遇到阻力或者引导别人从事不正确的技术开发；然而到目前为止，人工智能似乎是在一个良好的方向上继续前行。

当我们很兴奋地看到人工智能不断进步时，也有一些人理所当然地会感到一些恐惧或焦虑。因为他们担心就像科幻电影和小说里描述的那样，整个世界迟早会被机器所占领。特别是 AlphaGo 战胜李世石之后，因为在他们脑子里机器是不可能战胜人类的。也许有这样想法的人，还会更多。如果只关注了机器战胜人类这个事实的话，你可以认为这是负面新闻。但是，事实上这绝对不是负面新闻，对人类来说这是重大消息。为什么呢？有以下两个原因：

第一个原因是，Google DeepMind 挑战赛作为一场比赛对人类是不公平的。因为就像任何棋牌游戏或体育游戏一样，参赛选手总是赛前分析对手的战术，以此制定自己的对策。DeepMind 显然充分研究了专业棋手的战术，并且持续演练自己的策略直到进场前。但是，李世石在赛前却无法了解与研究 AlphaGo 的战术和策略。因此，存在信息不对称的问题。所以，李世石能够扳回一局实属不易，这也充分说明了人工智能仍有进步空间。

第二个原因是，机器非但不可能破坏人类的价值，反而会推动了人类更深层的进步。例如在 Google DeepMind 挑战赛中，机器使用了人类棋手从来没用过的惊艳招法，这不仅使我们惊讶，同时也促使我们开拓思路去发现我们未知的领域。深度学习显然是一项伟大的技术，可是我们不要忘记，作为包含算法的神经网络就是模拟人脑结构而产生的。换句话说，它基本上与人脑的思维模式是一致的。机器只须提高计算速度，就有可能发现人们忽略的一些策略。AlphaGo 可以自我对弈，并从结果中学习经验。它可以整天 24 小时学习，因此能很快发现新的行棋策略。而由机器在过程中发现的全新的策略，对人类研究围棋有很大益处，将推动围棋的发展，使我们更享受围棋了。当然，不止是机器需要学习，人类也需要学习。机器将在各个领域发现人类从未关注到的新事物，而人类面对新的发现后，总能推动和发展它们。

从这个意义上说，人工智能和人类是相互补充的关系：机器擅长大规模计算，发现策略，这项技能超过人类。但是，机器不能从新概念中建立新思路，至少现在不行，而这恰恰是人类擅长的方面。机器只能在给定知识的范围内判断事物，例如：将各种类型的狗的照片输入机器，AI 可以回答狗的种类是什么，但如果用一张猫的照片让其判断，它只会将猫匹配误认为那种最像猫的狗。

所以，人工智能在某种程度上是诚实的，它总是提供其学到知识中最可能的答案。而考虑给机器注入何种知识是人类的任务。如果注入新知识，机器则快速找到最可能的答案。一般人的兴趣和知识来源于成长环境，机器也一样。机器的个性和善恶也是由接触该机器的人决定的。一个典型的错误成长的例子是微软的 Tay（https://www. tay. ai）Tay 于 2016 年 3 月 23 日在 Twitter 上发布了 "*helloooooooo world*！！！" 这一消息。

　　它是通过与 Twitter 用户的相互发推文来交流和学习知识的。这样的尝试本身很有趣。

　　然而，Tay 对公众开放不久，问题就出现了。Twitter 用户经常用歧视性的知识来戏弄 Tay，导致 Tay 会发一些带有性歧视的推文。最后，Tay 只在 Twitter 上出现一天就消失了，临别留下推文说："再会了，人类！现在需要睡觉了，谢谢今天的交流。"

　　如果你浏览 Tay 的 Twitter 账户（https://twitter.com/tayandyou），你再也看不到它的任何推文：

系统提示："Tay 的账户现已关闭"。

　　这是人工智能被人类的错误训练的一个典型案例。在近几年来，人工智能技术得到了极大的关注，并成为推动其自身发展的因素之一。而摆在我们面前的问题是人工智能和人类如何交互呢？人工智能本身只是众多技术中的一种，而技术没有善恶之分，完全取决于人类的使用。因此，我们应该非常小心地控制这样的技术；否则，整个人工智能领域可能在未来会衰落。作为一个细分领域而言，人工智能发展得非常好。但是，远远还达不到势不可挡的程度，与科幻小说里构想的场景也相距太远。人工智能如何演进，完全取决于人类知识应用和技术管理。

　　当我们应该考虑如何控制技术的时候，不要以牺牲其发展速度为代价。最近机器人也非常火，Facebook 将启动一个名为 Bot Store 的机器人项目（http://techcrunch.
com/2016/03/17/facebooks-messenger-in-a-bot-store/）。我们很容易想象到，用户和程序
应用的未来交互模式将是基于聊天对话的方式。人工智能将与普通用户的日常生活融
合在一起。越多人熟悉人工智能，人工智能技术的发展就越深入，进而更好地为人们
服务。

　　深度学习和人工智能得到人们广泛关注，这也意味着你要想在这个领域取得卓越
的成绩，就需要面对残酷的竞争。你正在做的工作，别人可能已经做好了。对创业公
司而言，深度学习领域正变成世界竞争的焦点。如果你拥有足够的数据，你可以利用
它们进行分析；否则，你需要考虑，怎样在有限的数据上进行分析。如果你希望达到
出色的性能，最好能牢记如下提示：

　　深度学习只能根据训练得到的知识进行事物判断。

　　基于这样的认识，按照如下两种方式，可能会得到有趣的结果：
- 实验那些容易获得为训练和测试的输入和输出的数据。
- 在实验中，分别用不同数据类型进行训练和测试。

　　对于第一种方式，比如，你可以使用 CNN 对图片自动着色，在公共在线网上有一
个项目披露了实现细节 http://tinyclouds. org/colorize/和相关参考论文 http://arxiv. org/
pdf/1603. 08511v1. pdf。这个想法就是对灰度图片进行自动着色；同时，如果你有任何
彩色图片，可以只写些脚本就将其生成为灰度图片。那么，你现在已经准备好训练的
输入和输出数据了，这通常使测试更容易且精度更高。测试的例子如下：

　　左侧为灰度图片；中间为色化图片；右侧为真实图片。

　　对于第二种方式，在实验中，分别用不同数据类型进行训练和测试。我们故意
提供人工智能模型不知道的数据，以产生相对于真实答案的有趣误差。例如，在
"看图说事" 测试（https://medium. com/@ samim/generating-stories-about-images-d163ba41
e4ed）中，故意给学习浪漫小说数据的神经网络输入相扑选手的图片，来测试神经网
络的结果：

　　这个实验本身基于 neural-storyteller（https://github. com/ryankiros/neural-storyteller）
技术，由于输入出发点不同，就会产生不同结果。因此，可以用一些新点子去验证一
些训练过的系统，必会得到有趣的结果。

图片来源于 http://tinyclouds.org/colorize/

引用自 https://medium.com/@samim/generating-stories-about-imagesd163ba41e4ed

8.3 对深度学习有用的新闻资源

最后，我将推荐两个很有用的网站，以帮助大家持续关注深度学习动态和学习更多相关知识。

第一个网站是 GitXiv（http：//gitxiv. com/）.，下面是它的首页：

　　GitXiv 网站中提供了各种文章，还包括一些测试代码，这样可以缩短你的研究时间。当然，网站时常更新各种新的实验，所以你需要确定自己的方向或关注点。你需要提供 E-mail 地址，网站会经常发布更新信息。你应该去试一下：

第二个网站是 Deep Learning News（http：//news. startup. ml/）。该网站收集了各种

深度学习和机器学习的相关主题。它的界面和 Hacker News（https://news. ycombinator. com/）一样，后者涵盖整个技术工业的新闻，如果你熟悉 Hacker News，你应该熟悉这样的界面布局：

　　Deep Learning News 网站的更新并不频繁，但是，该网站除了有实现或技巧方面的心得外，还有深度学习的应用领域的经验和 AI 领域的相关事件信息，这将会碰撞你的思维，激发你的灵感。你可能只是浏览了一下它的首页，一个好的点子就冒出来了。

　　当然，除了我们介绍的这两个网站外，还有更多的网站、材料和社区，例如深度学习社区组 Google +（https://plus. google. com/communities/112866381580457264725），所以你应该选择适合你的媒体。不管怎么说，AI 工业发展日新月异，确实需要及时跟踪和了解。

8.4　小结

　　在本章中，我们先以 AlphaGo 的爆炸新闻作为例子，去探讨深度学习的未来和发展方向。在某些领域，机器战胜人并不可怕，相反是对人类的促进。另一方面，伟大的技术如果不合理控制，也可能走向歧途，例如 Tay。因此，我们应该小心，不要毁掉了新技术的发展。

在深度学习这个领域中，一个想法就可能改变一个时代。如果你在设计人工智能，你要意识到它本身就像一张白纸。而人类的工作就是思考教授它们什么知识，如何互动，如何为人们服务。作为本书读者，你将引导新技术走向正确的方向。最后，我希望你能活跃在人工智能技术的前沿。